高等职业教育园林类专业系列教材

U0724789

园林设计技法表现

YUANLIN SHEJI JIFA BIAOXIAN

主　编　祝建华

副主编　吕　华　罗超英　徐春英　程雅妮　李珍林

主　审　彭章华

重庆大学出版社

内容提要

本书从技法与表现两大方面系统阐述了园林与环境艺术设计的基本方法,系统地论述园林工程设计表达制作的"技法"与其如何"表现"两大部分内容,细致与全面、深入浅出地讲述了设计表达"技法"及和时代同步的新技术语言与"表现"的实践综合运用问题,即表达的"技术"与"方法",结合大量案例解析与练习;结构上,以教材的专业性、学术性、实践运用的系统性为基础,综合教辅书的功能性与实用性,对传统教材的内容体例进行有实质意义的改革,以最新教育理念、最新实战导航、经典案例解析与设计表现项目作业实训相互融合。将"技法"回到基础本位,"表现"的技术与方法分别赋予其运用的本质阐述,致力于工程实践运用,以运用为出发点,"技法"的目的是设计专业的、职业的、适合当代社会需求的运用"表现",培养与产业的无缝对接的能力是本书的一大特点。书中含 41 个二维码,可扫码学习。

本教材适合风景园林专业、园林工程技术专业、环境艺术设计专业、城镇规划专业、园林技术专业、中国古建筑工程技术专业等专业使用,也可供建筑与环境工程设计等行业学习使用。

图书在版编目(CIP)数据

园林设计技法表现/祝建华主编. -- 重庆:重庆大学出版社,2022.9
高等职业教育园林类专业系列教材
ISBN 978-7-5689-1525-0

Ⅰ.①园… Ⅱ.①祝… Ⅲ.①园林设计—高等职业教育—教材 Ⅳ.①TU986.2

中国版本图书馆 CIP 数据核字(2021)第 012669 号

园林设计技法表现

主 编 祝建华
副主编 吕 华 罗超英 徐春英
程雅妮 李珍林
主 审 彭章华
策划编辑:何 明

责任编辑:何 明 版式设计:莫 西 何 明
责任校对:张红梅 责任印制:赵 晟

*

重庆大学出版社出版发行
出版人:饶帮华
社址:重庆市沙坪坝区大学城西路 21 号
邮编:401331
电话:(023)88617190 88617185(中小学)
传真:(023)88617186 88617166
网址:http://www.cqup.com.cn
邮箱:fxk@cqup.com.cn(营销中心)
全国新华书店经销
重庆升光电力印务有限公司印刷

*

开本:787mm×1092mm 1/16 印张:10.75 字数:270 千
2022 年 9 月第 1 版 2022 年 9 月第 1 次印刷
印数:1—2 000
ISBN 978-7-5689-1525-0 定价:58.00 元

编委会名单

主　任　江世宏

副主任　刘福智

编　委（按姓氏笔画为序）

卫　东	方大凤	王友国	王　强	宁妍妍
邓建平	代彦满	闫　妍	刘志然	刘　骏
刘　磊	朱明德	庄夏珍	宋　丹	吴业东
何会流	余　俊	陈力洲	陈大军	陈世昌
陈　宇	张少艾	张建林	张树宝	李　军
李　璟	李淑芹	陆柏松	肖雍琴	杨云霄
杨易昆	孟庆英	林墨飞	段明革	周初梅
周俊华	祝建华	赵静夫	赵九洲	段晓鹃
贾东坡	唐　建	唐祥宁	秦　琴	徐德秀
郭淑英	高玉艳	陶良如	黄红艳	黄　晖
彭章华	董　斌	鲁朝辉	曾端香	廖伟平
谭明权	潘冬梅			

编写人员名单

主　编　祝建华　成都农业科技职业学院

副主编　吕　华　成都师范学院

罗超英　河北建筑工程学院

徐春英　成都艺术职业大学

程雅妮　成都基准方中建筑设计有限公司

李珍林　成都农业科技职业学院

参　编　王小娟　河南科技大学

李光勤　四川西蜀铭森木业

王真蓉　新疆交通规划勘察研究院有限公司

主　审　彭章华　深圳园林股份有限公司

前　言

　　长期从事于建筑环境工程设计的教学与环境工程实践,至"评估"、建"重点""评优"的今天,十几年来,感叹此类教材如海,要么与时代实践运用脱节,要么为"评优"而纠结于如何"附和""名"和"目"的形式主义,感叹为培养学生致用的教材少之又少!恰值纠"四风"正气清风激励,教育责任使然,编一本自以为"行之有效"的教材教材对得起莘莘学子是由衷的愿望!马年之春幸与重庆大学出版社达成共识,终能成书,幸感是一种职责的固执,正气尚在解惑的充实。本书在整体上以园林与环境艺术专业工作运用为出发点,立足教学,紧密结合实践,不落窠臼,与实际设计相结合的"过程表现",虽感种种艰辛困惑,终成图成书。

　　用真诚责任之心而为,循育人神圣之道而做,终近尾声。从腹稿的酝酿、构思到成文成书……艰辛终归过去,曙光在望。此刻,没有任何成就感的喜悦,亦无释然的放松,回首审视这"新生儿",一种莫名的心情:汗水的付出终有收获是不争的事实;忐忑不安的是,它是否会如我的初衷,不育人就不是好教材的"授人以渔"?结果尚拭目以期待!

　　设计技法表现是与时代相关联的,时代的发展进步都会为之提出新的要求和新的源动力,促动设计表现方法也愈向专业、职业综合完整系统方向发展。表现技法的学习最终实为在工作岗位中运用,"无缝对接"是时代要求!凭着几种渲染技法很难自信、胜任地走向工作岗位!怎样的设计表现技法在框架上与时代同步,"名至实归",其本身就是时代的挑战。本书中力求系统实用、贴近工作实践来描述常用二维与三维各类设计表现技术与方法,从技术到系统方法,刻意去肢解、离析那些杰出环境工程设计师、景观设计师及普通工作者、优秀学生的优秀设计表现的设计作品,取其具体"片段"进行相关联的解构与分析,从技术步骤性和实用性去描述,"看图说文",在实用的方法上进行解释与启发其思考。设计表现技法是与设计实践相关的"图式思维"和表达,这正是设计师和从业者所需要掌握的。"技法"的目的是设计专业的、职业的、适合当代社会需求的"表现"!环境工程设计"表现"是综合而系统全面的,单纯的渲染技法是谈不上什么"表现"的,是不适合当代专业职业岗位需求的!"技法"与"表现"教学的有机统一,这也正是本书有别于其他同类教材突出的特点!致力于培养园林工程技术与环境工程、艺术与产业的对接的能力。结构上,以教材的专业性、学术性、实践运用的系统性为基础,综合教辅书的功能性与实用性,对传统教材的编写内容体例进行大幅度有实质意义的改革,将"技法"回归到基础本位,"表现"的技术与方法分别赋予其运用的本质阐述,以20%的最新教育理念,30%的最新实战导航,50%的经典案例解析与设计表现项目作业实训相互融合。

　　本书编写是一个繁复辛劳的劳作,成果付梓,又逢火热酷暑,艰难之际,参与编者做了大量的工作,终见成效!春华秋实!没有他们无私的奉献,出版社及道友的鼓励和相助,完成本书是难以想象的。

志同道合几多人员的参与,多年的历程,愿为教育付出与欣慰同在!

书中含 41 个二维码,可扫码学习。

本书由祝建华担任主编,吕华、罗超英、徐春英、程雅妮、李珍林担任副主编,彭章华主审。由祝建华统一撰文修改定稿。

本书所选用的部分插图主要来源于参考文献。在此,谨对所有引用了插图的书籍作者、绘图师、出版社表示由衷的感谢!对重庆大学出版社何明编辑及诸多同仁及丛书编撰人员的支持与配合表示由衷的感谢!感谢编者做的大量工作!感谢为之关注和付出的道友支持,在此一并致谢!

祝建华

2022 年 6 月

目　录

如何阅读书中信息 ········· 1

1　概论 ········· 2
  1.1　园林设计表达的"语言"特征 ········· 2
  1.2　园林设计表达的技能条件 ········· 7
    学生作业实训——分析研讨 ········· 24

2　设计表现技法途径 ········· 26
  2.1　基本渲染方法 ········· 26
    即时训练 1 ········· 45
    即时训练 2 ········· 46
    即时训练 3 ········· 47
  2.2　基于工程制图的设计表达 ········· 47
    案例解析 ········· 53
    学生作业实训——庭院平面设计 ········· 54

3　表现的技术问题 ········· 55
  3.1　空间表现中的方式 ········· 55
  3.2　面向大众——设计图解词汇 ········· 92
  3.3　设计表现的起点——画面优化分析 ········· 95
    学生作业实训——庭院空间设计 ········· 105

4　方法问题——技法与表现 ········· 107
  4.1　设计表达的媒介 ········· 107
    学生项目作业实践 1 ········· 113
    学生项目作业实践 2 ········· 115
    学生项目作业实践 3 ········· 115
    学生项目作业实践 4 ········· 116

学生项目作业实践5 ··· 117

4.2　设计表达方法与目标 ··· 119

4.3　设计表达的形式 ··· 121

案例解析 ·· 130

学生作业实训—环境综合景观设计 ··· 132

5　方法问题——数字化技术的运用 ···································· 133

5.1　计算机辅助设计 ··· 133

5.2　数字化技术综合运用—"所见即所得"的能力 ···················· 136

学生作业实训——小区景观设计 ··· 145

6　应用技能综合优秀案例 ··· 147

案例1　Deniz 别墅 ·· 147

案例2　青年就业者创业街区 ·· 149

案例3　成都新农村环境与单体建筑系统循环模式探究 ················ 150

案例4　成都市双流客运中心迁建方案设计文本 ························· 153

案例5　莽山儿童森林公园设计文本 ··· 153

案例6　西南交通大学美术馆入口雕塑设计 ·································· 153

案例7　邢台鹊山湖湿地公园设计 ··· 154

案例8　IFLA"公共空间"设计竞赛 2019 ···································· 156

案例9　UA 城体育建筑 ··· 157

案例10　西安高新区养老院设计 ·· 158

附录 ··· 159

附录1　常用色彩图例 符号分析素材（详请扫描二维码）············· 159

附录2　相关标准 ·· 161

附录3　设计表达相关网站 ·· 161

附录4　国内外设计大赛赛事（详请扫描二维码）························· 162

参考文献 ··· 164

如何阅读书中信息

图片

那些当代景观设计师的作品，给讨论中的理论赋予了生机。

第三章　表现的技术问题

第一节　空间表现中的方式

一、基调与形式——智力的游戏

1、草图——重要的起点

草图产生于人们对设计的观察、分析及推敲发展。草图的优点是能够直观地解决设计问题，并能思辨重复地展开你的想法。大部分草图不是按比例绘制的。同样地，运用在场地或环境分析里的图解也不必要按比例绘制。通常它们对环境与其表达了一个具体的想法或对环境和空间的理解，因此比例又一次与其不相关了，而是与设计思想密切关联的。

小节标题

每章的各单元都有一个明确的标题，使读者能迅速地找到感兴趣的领域。

正文文字

提供了每个特色项目的背景信息，并强调了重点原理的时间运用。

项目：学生宿舍方案
地点：鹿特丹，荷兰
设计师：杰瑞米·戴维斯
时间：2007 年

将方案的实体模型与场地的数码照片叠层处理，完成最终设计方案的效果。

信息板

信息板提供了案例的前后关系和附加的背景信息，其辅助了正文。

案例分析

优秀的案例解析，是对设计表达技法运用和过程的感悟和理解。

学生项目实训

提供了实际实践性操作的具体项目设计表达过程，是掌握设计表达技法应用的重要环节。

技法解读

技法解读是对具体案例技法整体要素化的的分解，将技法的运用组构明晰化。

1 概 论

【本章导读】

本章阐述了园林环境设计语言表达的专业特征，介绍了设计出图从业者应具备怎样的自身素质基础，以及对于学习这门课程所必须应有的专业职业艺术语言训练。

【建议课时】

5 课时

1.1 园林设计表达的"语言"特征

1.1.1 园林设计表现技法与设计表达

园林设计表现技法是各种视觉的或以设计为基础训练的一个重要部分，而实际环境设计表达是建立在设计表达技法之上的专业职业技巧，既有趣味性又很具有挑战性。园林设计在表现的过程中各个阶段都需要很多技巧和方法，是三维和二维设计表现的系统综合体。

园林环境工程最终想法能得以实现，其过程是通过一个想法产生了一个概念，并以草图的形式展现出来，之后以草图为基础，发展成实体建模和一套按比例绘制的三维、二维设计图，用来探讨、研究细部的设计，过程中可能需要用精确的 CAD 细节图来解释一个园林环境工程设计是怎样集合的。园林环境设计表现的主要任务是产生适合设计过程指定阶段的对应图像样式。

▲ 钢笔淡彩的表现

在这张用钢笔水彩表现的图中，笔触洒脱、色彩清晰，很容易吸引读者的视觉注意力。但是作为学习者而言，还应思考一下色彩的运用方式：主题色彩、配景车辆的色彩、地面色块、树木色彩以及各个方面相互之间的搭配关系。

▲ 麦克笔的表现

麦克笔的色彩清晰，笔触极富有现代感，适用方便，因此广受人们喜爱。对于表面比较光洁的建筑材质，麦克笔具有较强的表现力。但从另外一个角度看，麦克笔颜色固定，不够丰富，其笔触的处理不易掌握。因此选用麦克笔时，在掌握快图原理的基础上，还要注意色彩的选择和笔触的运用。

园林环境设计绘图有一种属于自己的语言,在绘图中,应运用适合的语言进行表达。园林环境设计绘图的语言是各种各样的,词汇是基础。在绘图纸上,所有的线条或笔触都是经过深思熟虑而形成的。园林环境设计表现体现出了设计者的专业思考,用来表达绘图语言,完善它并发展它,于是它传达出了园林环境设计的想法,使之成为真实的园林环境设计体验。

1)设计表现技法

表达技法多种多样,包括草图及各种渲染技法等,是通向设计表达的基石。

2)设计表达

综合的传达设计信息、实体模型、三维图像、平立剖面图以及各类数据信息,通过版面综合在一起,完整地看出设计信息。

▲ 方案素描
这种表现技法能表现丰富的光影效果以及运用纸质和技法表现的材质肌理,是一种常用而有力的工具。铅笔的色调丰富,易于掌握。

案例解析

项目:莘山儿童森林公园
地点:美国
设计:易道(EDAW)

这是一张出彩的局部项目效果设计表现图。设计者采用钢笔淡彩的手绘表达形式,渲染出了迷你、幼稚的环境氛围,深化实体模型、三维图像制作以及到最后整合各类的设计信息。稚拙的刻意表现图,正确地传达了儿童乐园的设计信息。表达语言流畅而洗练,充分体现了设计师的驾驭及运用设计表达相关语言的智慧和能力。

项目名称、平面设计

景观功能设施

钢笔淡彩手绘效果图

原真效果图

主题公园设计说明

位图

1.1.2　园林设计表达语言的运用

设计表达语言的运用是设计活动中的基础,通过三维图像、二维图形的综合传达出设计中的信息。

项目实训

速写写生练习的训练,对于专业设计内容及形式的思考、设计快题表达、设计概念草图有着直接的关系。

◀速写

◀钢笔淡彩

◀淡彩平涂

1)设计的传达过程

在园林环境设计传达过程中,通过草图能传达出最初的设计构想,通过绘制出准确的总规划图、轴线示意图和功能分区图能传达出项目的主要信息。

案例解析

项目:北京奥林匹克森林公园

"北京奥林匹克森林公园"功能设计,通过在环境的总规划图、轴线示意图旁分别对于功能区域、植物运用设计分析图、水系规划、防火区域设计等,用清晰的设计语言,完整地表达了设计位置及内容。

功能分区图 ▶

竖向规划设计图 ▶

植物运用分析图 ▶

水系规划图 ▶

防火分区图 ▶

自然通向城市

城市通向自然

▲ 北京奥林匹克森林公园总规划图　　▲ 轴线示意图

知识链接

　　泡泡图是规划与环境设计中，将功能区域以"泡泡"的形式设计表达的一种方法，侧重于功能与环境基址设计表达。也是为反映园林平面功能的划分以及联系而画的图，在设计阶段主要是安排各种不同的功能空间使之趋于合理。

2）设计多样化的案例解析

　　园林环境工程所应对的项目都是繁复多样的，设计方法也是多元化的，从设计项目的形式和种类来说，设计方法应多元化表达，诸如园林建筑环境的多样化。即便是单一的项目也有多种多样的设计手法，设计答案不是唯一的标准，但一定是准确、恰当、完整的。

▲ 浮雕工程　设计：祝建华
从草图构思到施工以及到最后竣工始终是一个相互影响的过程。

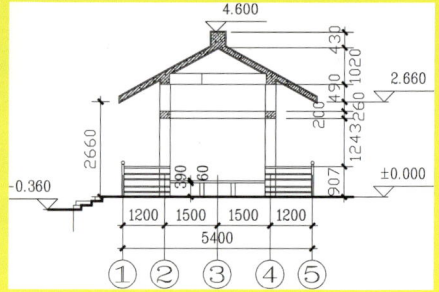

▲ 景观小品　设计：祝建华

低矮的角柱变异立方体作为景观小品，与亭相互呼应,表现构成在园林环境中的运用。

▲ 水景

通过绘制效果图，感受水景营造的真实氛围。

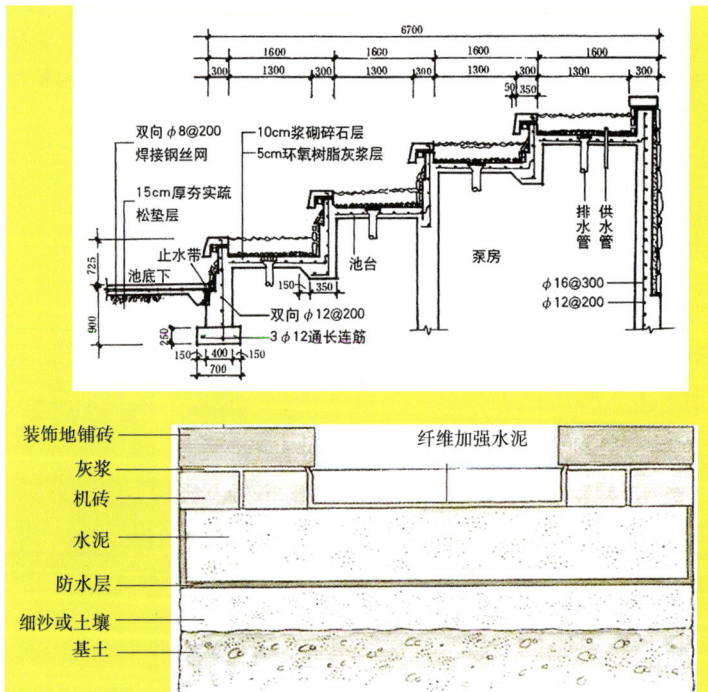

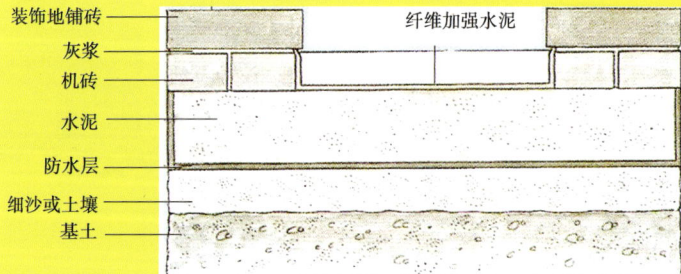

1.2　园林设计表达的技能条件

1.2.1　必经之路——设计与表现的基础

设计表达主要建立在专业基础之上才能进行,设计专业基础通常包括3个方面:艺术基础、专业基础(包括专业技术基础,如绘画、标准惯例等)、专业素质(美学以及专业史论)。

1)绘画基础

(1)素描　包括基础素描和设计素描,重点是培养造型能力。

▲ 静物写生　作者:王小娟

(2)色彩　色彩包括基础色彩、设计色彩、色彩构成,其重点是培养色彩的感知和表现能力。

▲ 石膏写生　作者:吴威廷

▲ 色彩写生　作者:张君

▲ 色彩写生　作者:张君

(3)装饰基础　装饰基础是装饰画、标识、字体设计、纹样、图案的基础素质,是设计要素装饰化训练运用与变化的基础能力。

▲ 装饰基础学生作业:人物变形　作者:漆潇

▲ 装饰基础学生作业:动物变形　作者:王真蓉

（4）构成　构成是平面与空间设计基础，是平面视觉传达、设计色彩、环境与空间理性抽象思考与造型的基础能力。

（5）绘画　绘画是重要的设计基础，它所培养造就的观察与造型能力，不仅仅是艺术设计的基础，又是设计中直接运用到概念草图的基本能力。

▲ 学生作业　立体构成
指导教师：祝建华

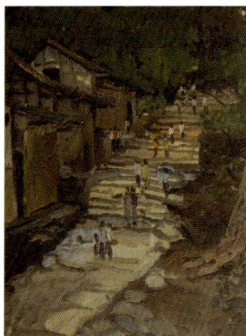

◄ 建筑物风景写生（作者：祝建华）
通过对环境的认知，让自己的思维反映出建筑色彩关系。

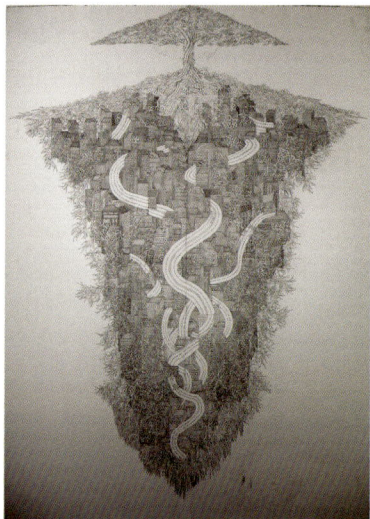

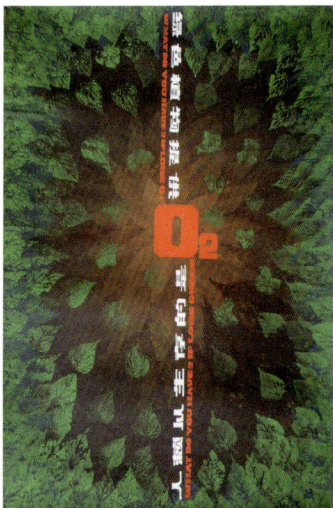

城市生命
作者：王玺
关于城市的思考 ►

◄ 作业：运用构成设计的招贴
作者：张霞
指导教师：祝建华

流经城市的河
作者：祝建华
对环境的思考，城市日渐缺失的水，是对环境的一种忧患意识。 ►

构成的运用
迪福雷庄园
设计：杰·弗里德 ◄

2）专业绘画

●"A"角与"B"角

图像表现必须能清晰地传达设计的想法、概念与意向。要做到这些,需要在设计图包含的信息与其他所有补充性文字或为文字配的图像之间保持"主""次""A"角与"B"角的一种平衡,才能确保方案设计与园林环境设计特征能够方便有效地被解读。园林环境设计表现还应该能对设计想法进行补充和完善。很多时候,方案的表现只需要图像表现(实验性方案或设计竞赛的参与资格阶段)。

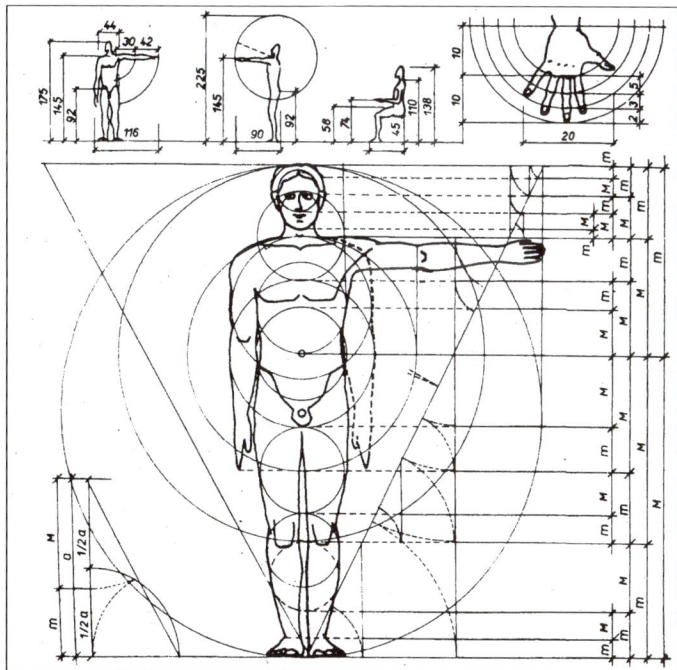

柯布西耶模度尺 ▶

● 柯布西耶模度尺

勒·柯布西耶根据黄金分割的原则。他在设计房屋中采用了以人体尺寸为基础拟出的"模数制"比例方法。

环境是为人设计的! 人、车、植物等要素是我们衡量空间尺度大小的标尺,不要忘记它们是永远不能消失的 B 角。

（1）人物　熟练掌握人物的不同画法,除作为尺度外还可以强化设计效果。

▲ 人物外轮廓和写实、组合画法　　　　▲ 人物剪影画法

（2）交通工具　人与车辆都是彼此的环境尺度。

▲ 人物及车辆钢笔画法

▲ 车辆水彩画法　祝建华

工具

钢笔或针管笔、A4 纸或速写本

练习题

1. 运用不同方法的临摹，完成钢笔与人物尺度关系的绘制。
2. 完成人物、植物、车辆与空间尺度关系的绘制。

（3）植物

① 对徒手绘画工具的认识、掌握、运用

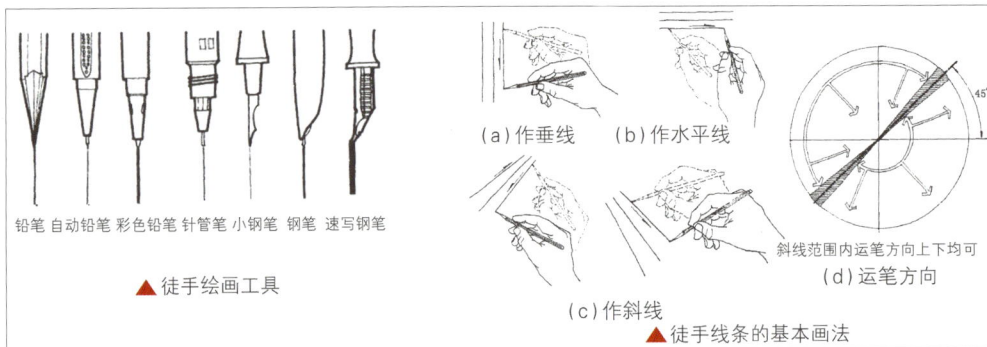

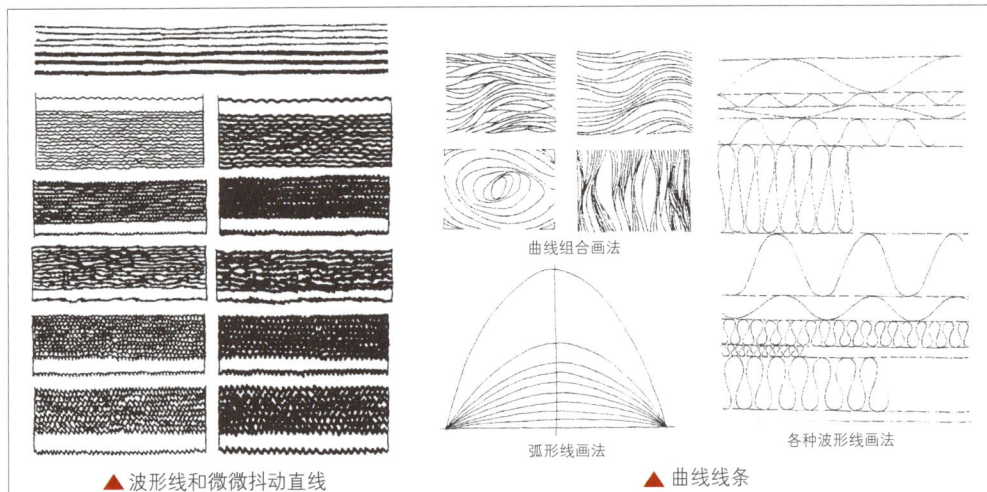

铅笔 自动铅笔 彩色铅笔 针管笔 小钢笔 钢笔 速写钢笔

▲ 徒手绘画工具

（a）作垂线　　（b）作水平线

斜线范围内运笔方向上下均可
（d）运笔方向

（c）作斜线

▲ 徒手线条的基本画法

曲线组合画法

弧形线画法

各种波形线画法

▲ 波形线和微微抖动直线

▲ 曲线线条

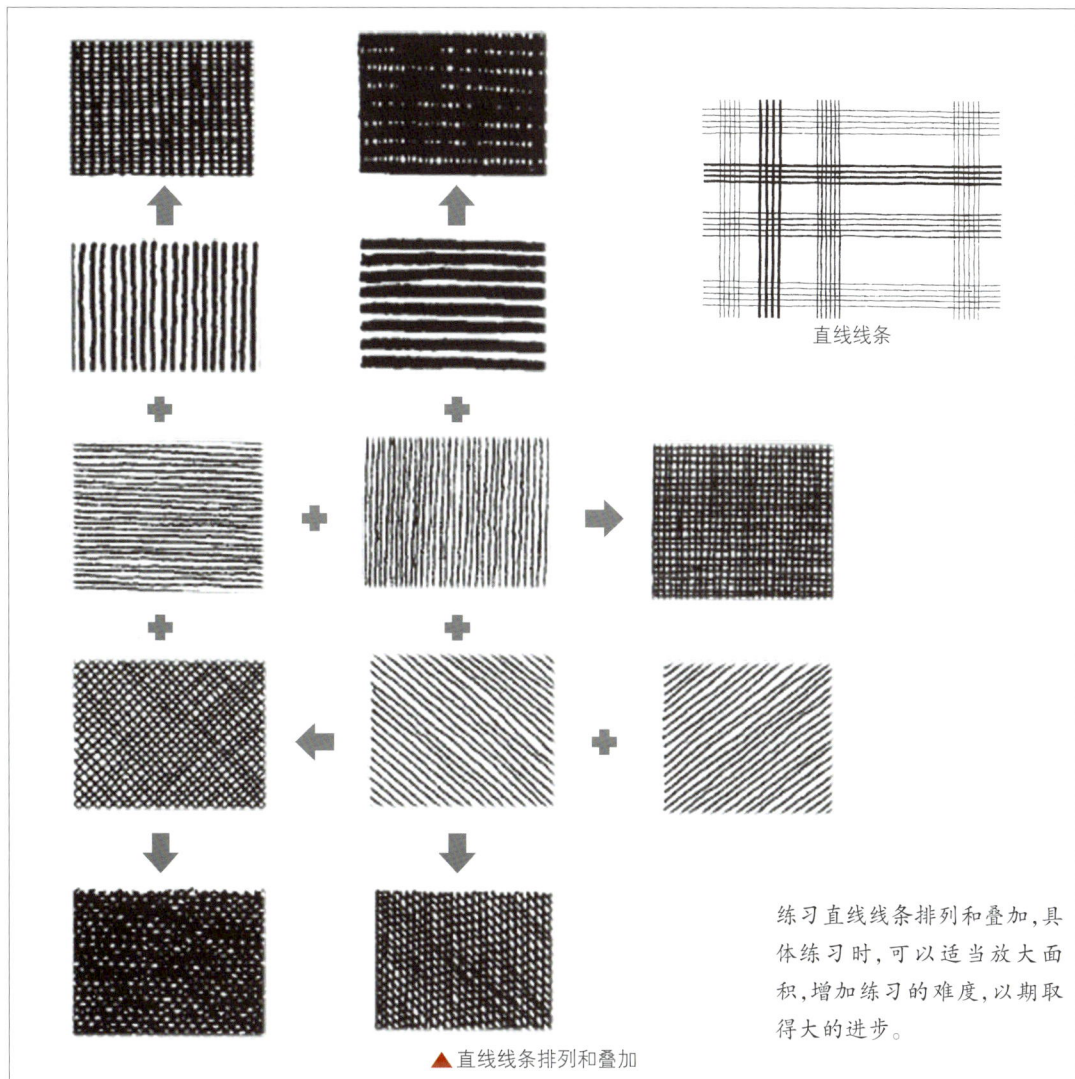

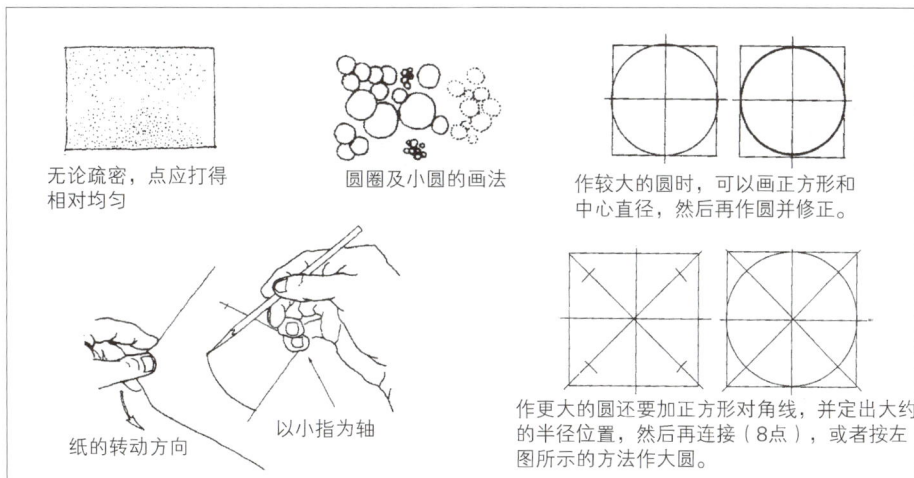

直线线条

▲ 直线线条排列和叠加

练习直线线条排列和叠加，具体练习时，可以适当放大面积，增加练习的难度，以期取得大的进步。

无论疏密，点应打得相对均匀

圆圈及小圆的画法

作较大的圆时，可以画正方形和中心直径，然后再作圆并修正。

作更大的圆还要加正方形对角线，并定出大约的半径位置，然后再连接（8点），或者按左图所示的方法作大圆。

纸的转动方向

以小指为轴

工具

　　铅笔、钢笔、针管笔、A4纸或速写本。

练习题

　　运用线条的不同排列组合，表现3种以上不同物体的质感。

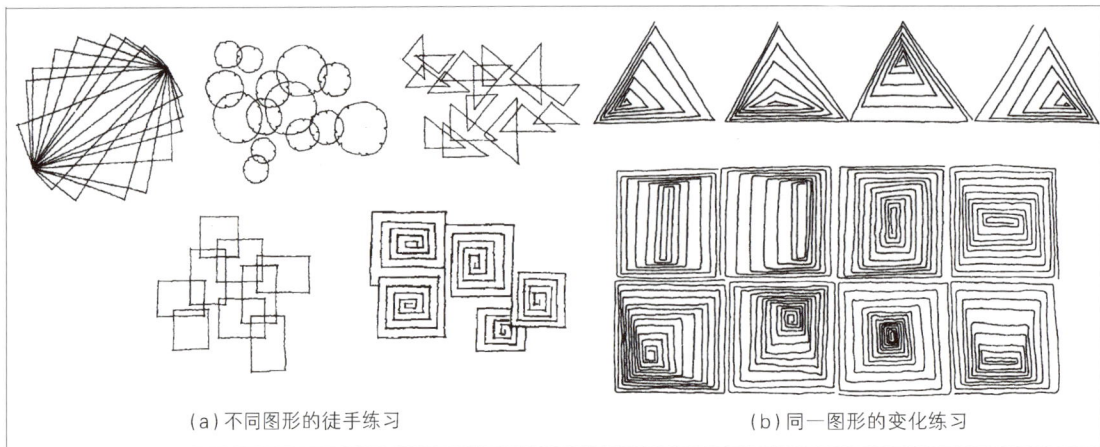

(a) 不同图形的徒手练习 　　　　　　　　　(b) 同一图形的变化练习

▲ 徒手线条的练习画法

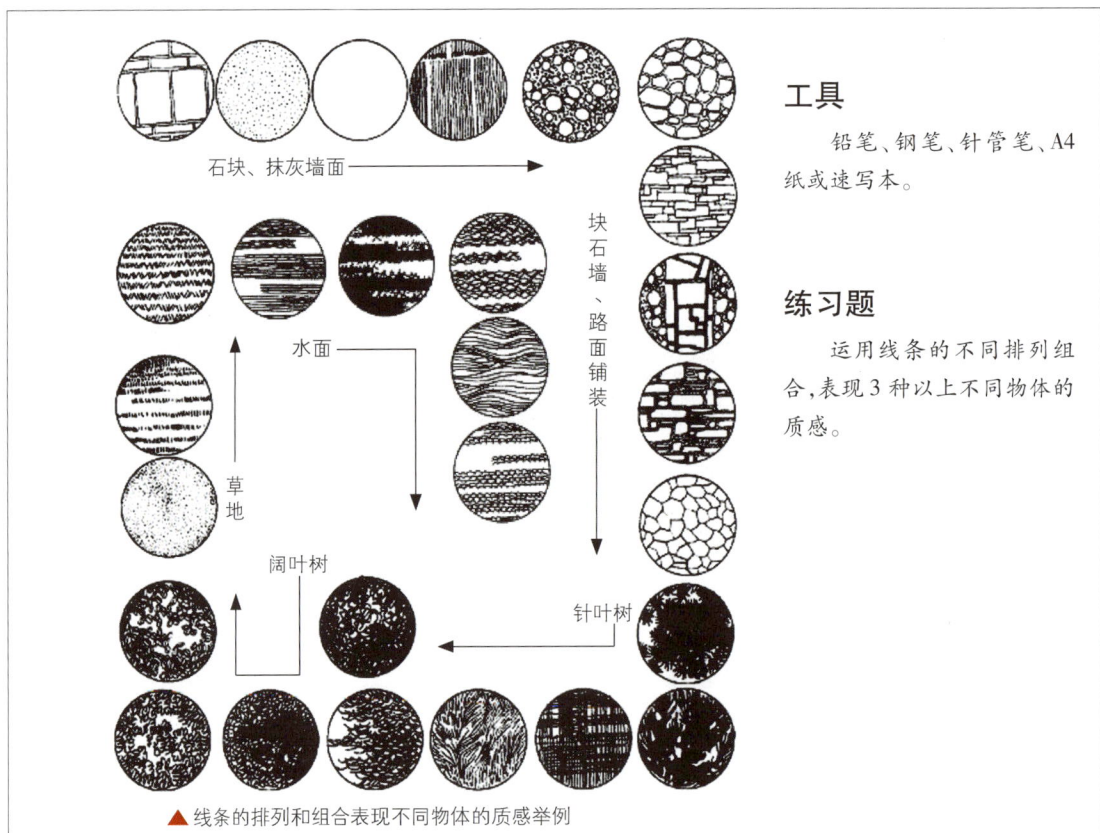

石块、抹灰墙面

块石墙、路面铺装

水面

草地

阔叶树

针叶树

▲ 线条的排列和组合表现不同物体的质感举例

工具

铅笔、钢笔、针管笔、A4纸或速写本。

练习题

运用线条的不同排列组合，表现3种以上不同物体的质感。

②植物的各种表示

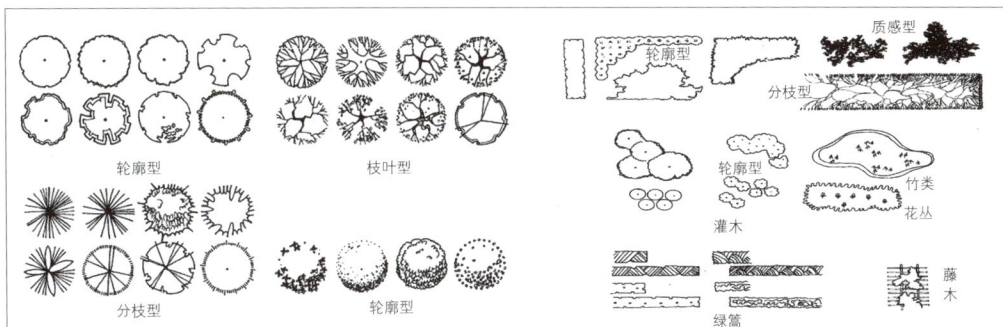

▲ 植物平面画法

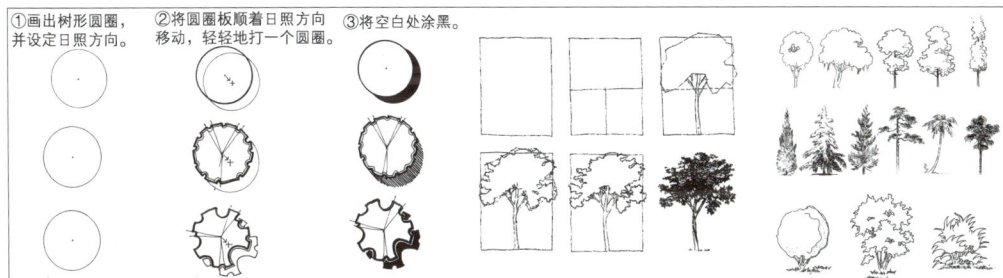

①画出树形圆圈，并设定日照方向。 ②将圆圈板顺着日照方向移动，轻轻地打一个圆圈。 ③将空白处涂黑。

▲ 植物平立画法步骤　　▲ 树木临摹或写生的一般步骤　　▲ 单个树木立面的表现

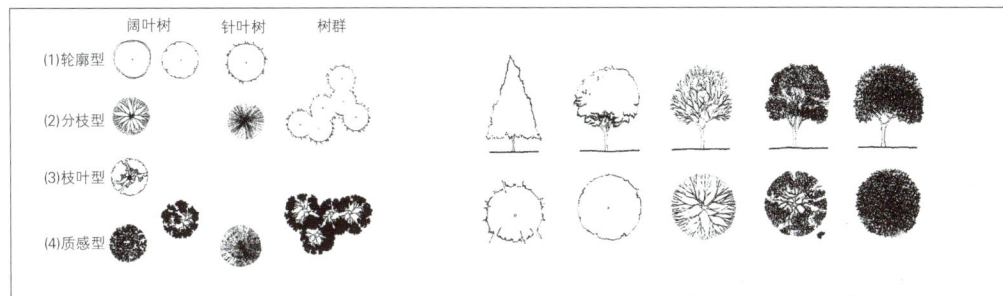

阔叶树　　针叶树　　树群

(1)轮廓型

(2)分枝型

(3)枝叶型

(4)质感型

▲ 树木平面的4种表示类型　　▲ 树木立面的几种表示类型

冠径(树冠宽度)W

树高(H)

树高

胸径(C)

分株数

修剪高度

冠径

树高

1.200

▲ 植物的设计标注尺寸

单轴分枝　　合轴分枝　　假二叉分枝

▲ 植物的分枝情况

主林层

次林层

灌木层

小灌木和草木层

▲ 植物群落

工具

钢笔或针管笔、A4 纸或速写本。

练习题

运用不同工具，对各类植物平面、立面的练习。

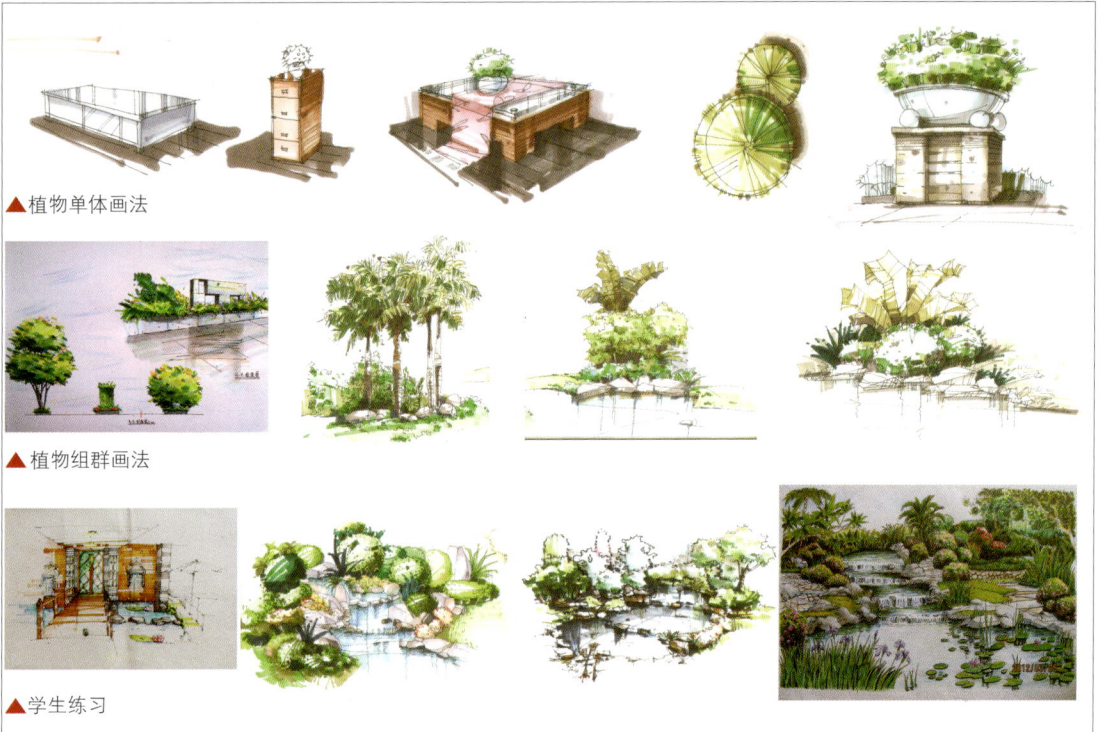

▲植物单体画法

▲植物组群画法

▲学生练习

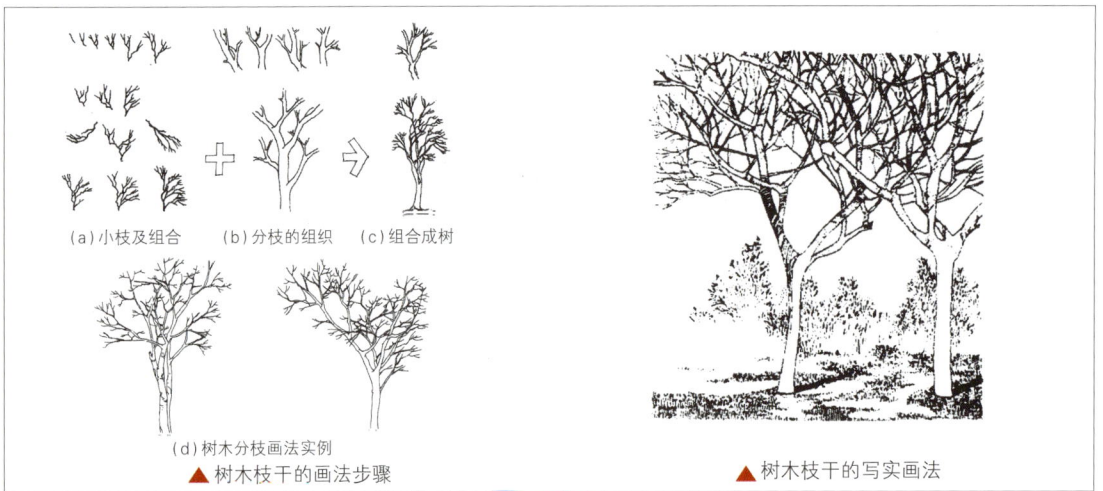

(a)小枝及组合　(b)分枝的组织　(c)组合成树

(d)树木分枝画法实例

▲树木枝干的画法步骤

▲树木枝干的写实画法

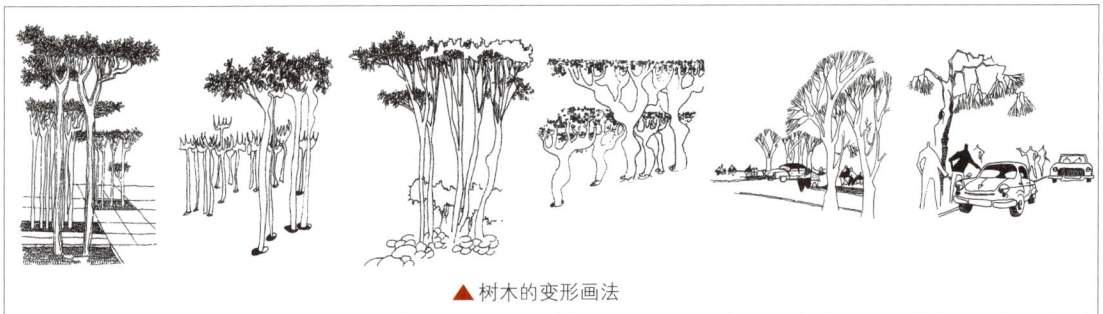

▲树木的变形画法

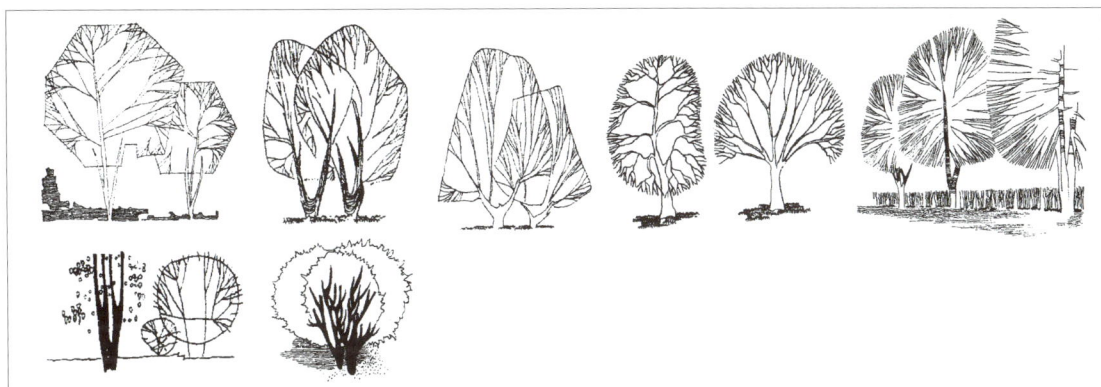

▲ 树木的图案式画法

工具

钢笔或针管笔、A4 纸或速写本。

练习题

1. 选一类植物，对其进行变形练习。

2. 对树木变形和图案式画法的练习。

(a) 短线排列法

(b) 枝叶排列法

(c) 乱线组合法

(d) 叶形组合法

工具

钢笔或针管笔、A4 纸或速写本。

练习题

对各组合画法的练习。

▲ 用短线法画的叶丛

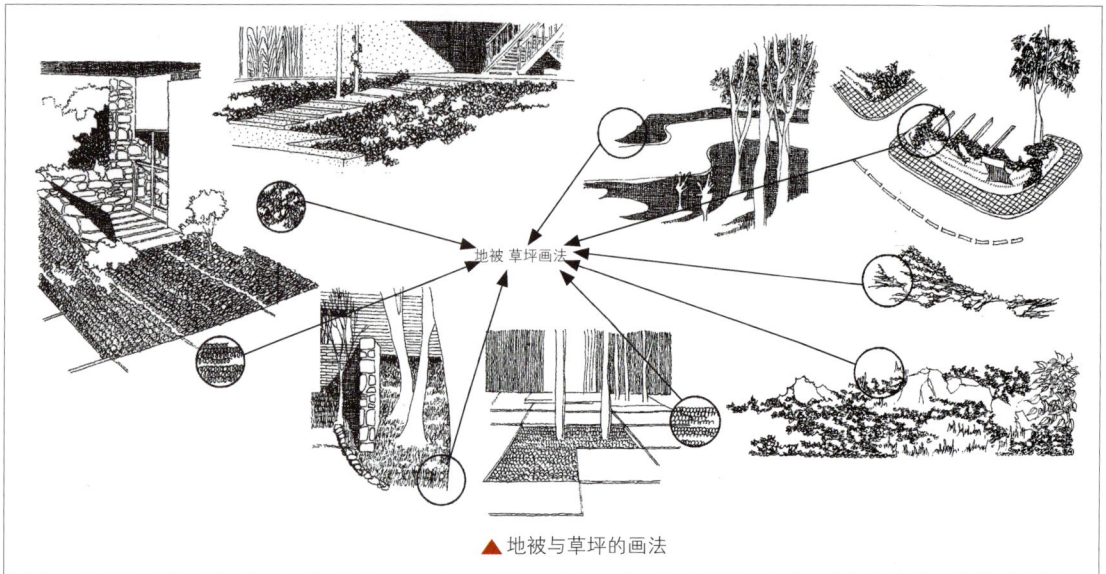

▲ 地被与草坪的画法

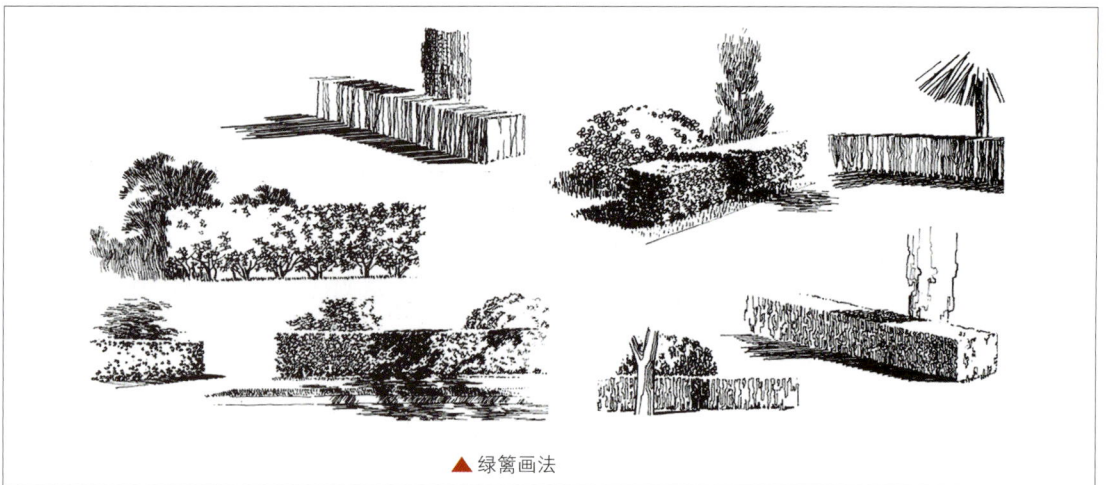

▲ 绿篱画法

1	2	3	4
▲ 全暗	▲ 全亮	▲ 前亮后暗	▲ 阴影处暗，受光部亮

▲ 单株树杆的明暗画法

③植物在环境中的运用

树外轮廓背景质感肌理
的画法 →

近景明暗素描画法背景肌理
质感的层次画法 →

树质感画法、背景外轮廓
的层次画法 →

以光线、线条疏密区别
层次绿篱的画法 →

前灌木轮廓、后树木质
感的画法

前暗、中间轮廓、后明
暗的层次画法

前暗、中间明暗、后轮
廓层次画法

明暗来表达层次画法

树干轮廓树叶质感画法

④植物的运用

▲以现状照片与设计图相对照的方式表示，主题明确，易为一般市民和甲方所理解，清新的笔法很好地表达了景观规划的意图。

工具

　　钢笔或针管笔、A4 纸或速写本。

练习题

　　对左设计图相对照的方式表示进行造景设计表现。

（4）置石

轮廓线

石纹线

（a）立面石块的画法

轮廓线较粗　　　　石纹线

石纹理线较细

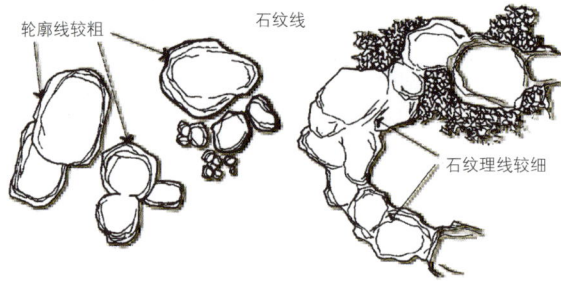

(b) 平面石块的画法

剖断线

轮廓线

▲ 石块的平面、立面表示画

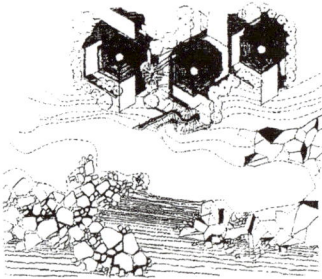

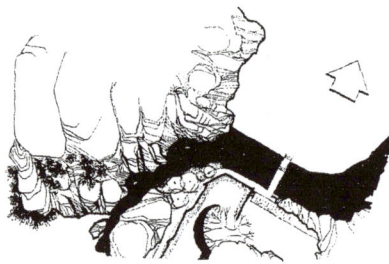

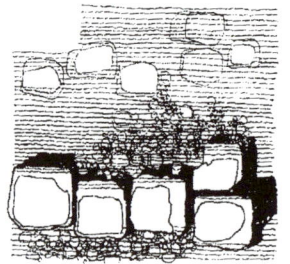

▲ 水石的平面表现画法

▲ 石块的明暗画法

（5）地形

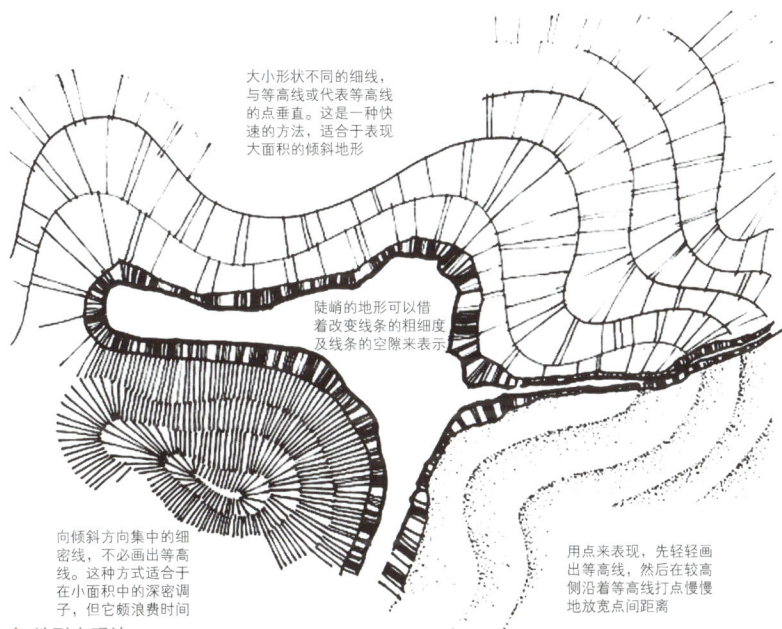

大小形状不同的细线，与等高线或代表等高线的点垂直。这是一种快速的方法，适合于表现大面积的倾斜地形

陡峭的地形可以借着改变线条的粗细度及线条的空隙来表示

向倾斜方向集中的细密线，不必画出等高线。这种方式适合于在小面积中的深密调子，但它颇费浪费时间

用点来表现，先轻轻画出等高线，然后在较高侧沿着等高线打点慢慢地放宽点间距离

▲ 地形表现法

（6）风景

▲ 水彩

▲ 彩铅

（7）园林建筑

▲ 淡彩

彩铅 ▶

3）透视与构图形式

（1）透视　透视图是根据平面图、剖面图与立面图等各种信息来制作的手绘图。要绘制一幅建筑透视图，首先必须要做的是确定图像的视点，然后根据剖面图与立面图提供的信息得到建筑上各个空间高度、开口，如门、窗等的详图信息。

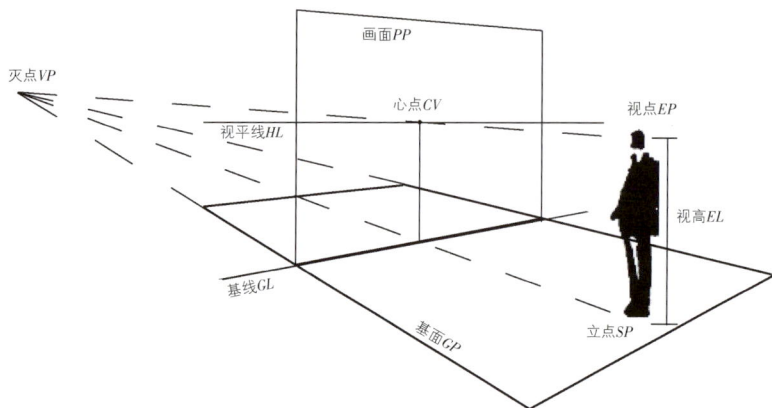

▲ 透视基本原理

（2）构图形式　构图指的是所要表现的建筑图形、图画以及配景之间的相互组合关系，此种表现清晰而富于感染力，在表现之处，就要注意构图、视平线间的关系，根据相应的原则组织好画面元素，好的构图也可以带给人艺术的享受。

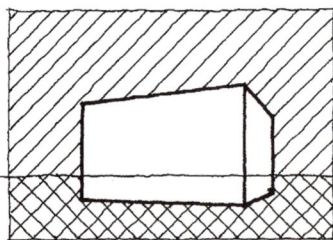

▲ 布图
建筑物的形体与图幅横、竖要相互匹配，图幅大小要适中。

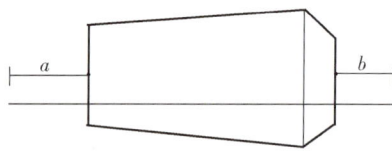

$a>b$

▲ 均衡
建筑环境的组成元素根据建筑的形体在画面的透视走向来布置，以取得视觉上的均衡。

▲ 配景
树、车相对应集中，以更有效地表达环境氛围，人物应有远近不同的对比。

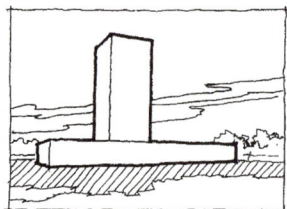

◀ 协调
视点的选择尽可能表现出主立面，并兼顾侧立面，比例为8∶1～5∶2之间为合适。

◀ 透视图
能表达出设计项目的直观感受。通过透视原理来进行绘制。

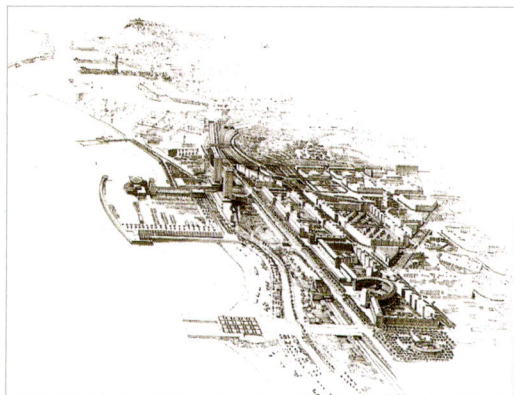

▲ 鸟瞰图
巴塞罗那城市绿廊

视平线
对画面构图
的影响
PROJECT
Landing Mall
Port Angeles, Washington
ARCHITECT
L. M. N.
RENDERING SIZE
17" x 24" (43 cm x 61 cm)
MEDIUM
Graphite and watercolor

◄ 视平线置下1/3处

◄ 视平线中

◄ 视平线置上

▲ 均衡——视平线的选择很重要　▲ 对称——高的视平线　▲ 一点透视——低的视平线　▲ 两点透视——接近中部的视平线　▲ 鸟瞰图——视平线在顶端甚至在画面外

▲ 不同的视平线出现不同的视觉效果

4）抽象

　　主要涵盖图案纹样、平面构成、色彩构成、立体构成、光构成、卡通构成、抽象艺术，重点培养要素化运用及抽象表达能力，在园林设计中彰显时代特征。

案例解析

项目：Noailles 别墅花园

地点：巴黎

建筑师：古埃瑞克安

▼ 印象派画家蒙德里安的绘画作品

将纯艺术——绘画和雕塑直接运用到园林环境工程，Noailles 别墅花园就是典型的例子。可见抽象艺术对园林环境工程的影响。

5）感知与观察

专业感知与关注是设计的灵感来源和动力来源。

1.2.2　成功之路——信任自己的努力勤奋

1）基础素质

为了使你绘制设计图纸的技巧得到改善和发展，绘画是需要经常练习的。观察尤为重要，需要长时间去思考提高绘画能力，通过绘画也可以提升设计感知和表现能力。

观察和描述园林概念的经验是：描绘围绕城市或建筑环境、自然生态景观旅行，构架感受景象，并把这些同特定的空间或园林内部联系在一起。与所有的绘图技巧一样，练习和发展你自身的技能和适应不同状况的方法是很重要的，当思考评论概念和筛选提炼设计想法时，一些徒手的、自由的或凭直觉的绘画和模型是可利用的最好技巧。

2）技法的"承前启后"

任何设计表现技法都是与社会发展变化相关联的，时代发展与技术的进步都会为之提出新的要求和新的源动力。就其表现方式来说，今日电脑效果图、环境生态综合思考运用的表达技法转变即是佐证！园林表现的方法当然也不例外。

学生作业实训——分析研讨

设计：祝建华

目的：实际园林工程图纸与已建成园林工程现场解析。

要求：设计图纸一套，实际在建或已建成园林工程现场分析，研讨设计出图与工程的关系。

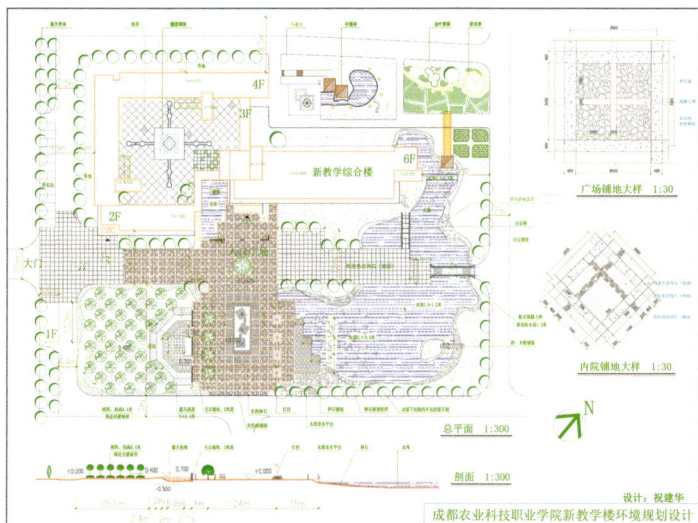

▲ 施工中

成都农业科技职业学院新教学楼环境规划设计

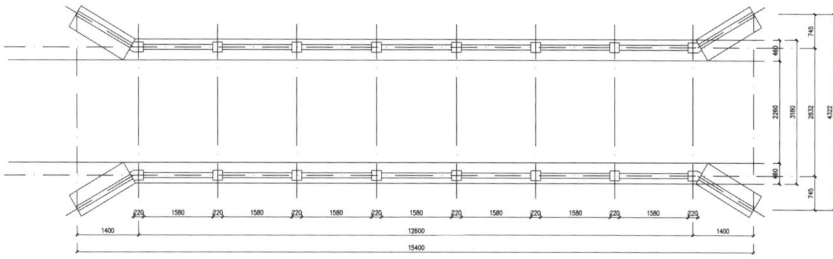

三孔桥平面

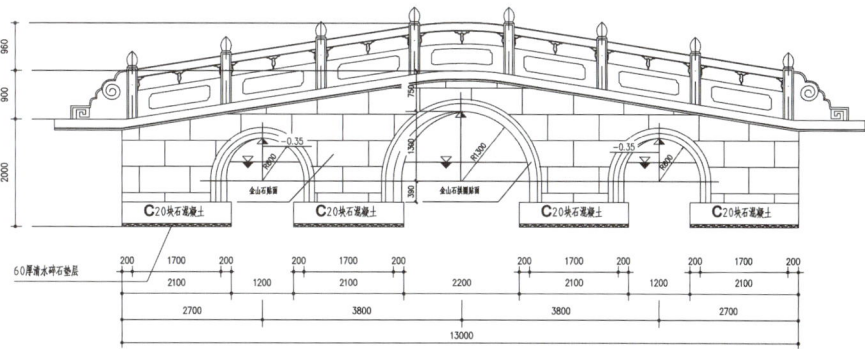

三孔桥立面

▲ 三孔桥

▲ 三孔桥完工鸟瞰

2 设计表现技法途径

【本章导读】

　　表现图选择最适合的三维表现手段来重点突出设计想法的特殊面。它可以是对特定的客户制作,也可以是针对公众或用户群制作,因此需要全面地掌握各种设计表现方法,才能够选择适当的表现方式来向预期的观众表达设计概念。本章阐述常用的表现技法的几种基本画法步骤和过程,并掌握它的训练,是达成设计表达运用的专业途径。

【建议课时】

30 课时

2.1 基本渲染方法

　　有时二维的园林图片不易被刚入行的学生理解,因为有些园林符号比较专业。三维图片对表现园林环境更加有利,并能为园林环境工程创造一种直观的效果。三维表现图像既能将人们的视线吸引到设计的某一主要的地方,也能够用来描述或解释设计想法。三维表现图像需要真实感与想象力并存,这样才能够更有效地使人们更好地理解园林设计。

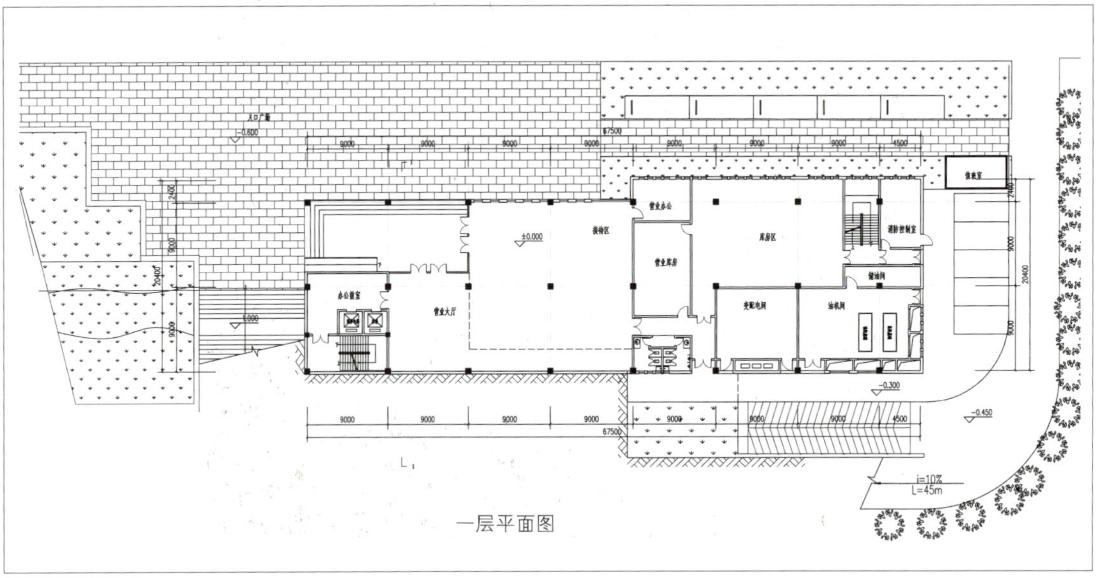

一层平面图

▲ 二维图

▲ 三维图

项目：中国移动通信集团重庆分公司大足分公司生产楼建设项目方案设计
地点：重庆，中国
设计：祝乐

2.1.1 渲染技法类型

渲染技法包括方案素描、钢笔淡彩、彩铅、水彩、麦克、水粉、抽象拼贴画、综合技法、模型等。

▲ 1方案素描

▲ 3彩铅

▲ 2钢笔淡彩

▲ 4水彩

◀ 5麦克

◀ 6水粉

▲7抽象拼贴画

▲ 8综合技法

▲ 9模型

1）方案素描

项目实训

示范：罗超英

铅笔是透视表现图技法中历史最悠久的工具，它便于修改，是初学入门的必选，其技法易掌握、绘制速度快、空间关系也能表现得较充分。黑白铅笔画的图画效果比较典雅。

▲（1）用HB铅笔画出透视底稿，注意保持画面的整洁。

▲（2）按色调的构图与布局，描绘顶部构架的结构关系，再根据大致的受光区分阴暗面，描绘植物、玻璃、阴影，强化形体。

▲（3）以主体色调为基础，画出配景树木的明暗、体量、配景在玻璃上的镜像、窗的阴影等。

▲（4）完善和调整阶段，车辆的明暗面、地面反光、人物布局等，完成作品。

训练方法

设计与表达是一个眼、手、脑并用的形象思维过程，它对基本功的要求较高。学习的方法应因人而异。对于初学者，最好的办法就是临摹照片或设计图案作品。在临摹过程中，要分析技法，熟悉材料工具，研究并掌握构成形态的特征与材质的表现技巧，吸取有益的东西，增强自身的表现能力。

在以上章节中，我们从理论上探讨了设计思维与表达的目的、过程、要求和重要理论基础，本章从设计思维与表达的媒介、技法、综合训练等方面来进行研究，使大家在方法表达技能上得以提高。

工具

铅笔、炭笔、橡皮、素描纸、三角尺、小刀。

练习题

1. A4素描纸2张；
2. 完成园林景观设计方案素描1张。

2）钢笔

项目实训

示范：罗超英

钢笔质坚，画风较严谨，在透视图技法中，细部刻画和面的转折都能表现得精细准确。

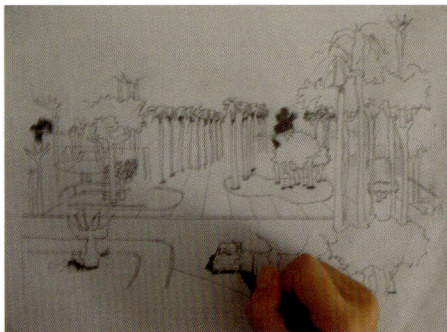

▲（1）描绘轮廓。

▲（2）描绘植物、园林建筑、街道的映像轮廓。

▲（3）深入描绘植物、园林建筑、人物等。

▲（4）阴面和落影。

▲（5）细致刻画。

▲（6）调整画面，完成作品。

工具

钢笔、复印纸、素描纸、三角尺。

练习题

1. A4 绘图纸 1 张；

2. 完成钢笔技法表现图 1 张。

3）钢笔淡彩

项目实训

示范：李光勤

用钢笔画出轮廓，用水彩颜料上色，水分较多，立体感、空间感较强，能充分营造画面氛围。可以看出，这种技法是建立在钢笔技法之上的，又便于掌握，是使用频率较高的一种设计表现技法。

▲（1）用签字笔画线稿，把握透视，注意整体环境关系。

▲（2）从暗部开始起步，画面围绕景观主题展开，逐步呈现石材、木材、树、水体之间的环境依托关系。

▲（3）着色从物体的固有色入手，进一步表现周围的物体，把握画面的整体关系。

▲（4）画面调整和完善，注意整体与局部的关系、色彩的对比关系。完成的作品。

工具

钢笔、针管笔、水彩纸、水粉笔、水粉颜料、三角尺、小刀。

练习题

1. A4 水彩纸 1 张；
2. 完成钢笔淡彩技法表现图 1 张。

4）彩色铅笔

项目实训

水溶性彩色铅笔可充分利用其易溶于水的特性,画出柔和的效果,易于表现丰富的空间轮廓。

▲（1）描绘建筑轮廓。

▲（2）给玻璃、屋顶、窗楣以及栏杆着色。

▲（3）给面砖和落影着色。

▲（4）给配景树木着色。

▲（5）给挑檐阴面、建筑物外墙、窗楣和窗框上的落影着色。

▲（6）描绘人物、汽车、路面,完成作品。

工具

钢笔、针管笔、复印纸、素描纸、三角尺、彩铅、小刀。

练习题

1. A4 绘图纸 1 张;

2. 完成彩铅技法表现图 1 张。

5）水彩

项目实训

示范：祝建华

水彩淡雅，层次分明，结构表现清晰，适合表现结构变化丰富的空间环境。水彩颜色透明，便于多次叠加渲染。水彩技法程序感强，画之前需构思绘画程序，以达到最佳效果。调色时叠加次数不宜过多，色彩过浓时不宜修改，多与其他技法混用，如钢笔淡彩法、底色水粉法、彩色铅笔法。

▲（1）起稿，确定画面表达关系及透视。

▲（2）给天空着色。

▲（3）门廊、勒脚、地面着色。

▲（4）调整室内色调，给室内照明着色。

▲（5）给建筑屋顶墙面阴影着色。

▲（6）添加树木、渲染环境人物配景。

▲（7）画面调整，完成的作品。

工具

铅笔、钢笔、针管笔、水彩笔、水彩纸、三角尺、绘图胶纸、刻纸刀、水彩颜料、调色盘。

练习题

1. A4 水彩纸 1 张；
2. 完成水彩技法表现图 1 张。

6）麦克笔

项目实训

作者：李小强

指导：刘勇齐

麦克笔色彩系列丰富，分水性、油性两类。麦克笔表现力强，对于快速的创意和构思草图是一种理想的工具。其着色简便、快干，绘制速度快，风格豪放。麦克笔上色后不易修改，一般应先浅后深，在不吸水纸上所产生的色彩亮丽，在吸水纸上所产生的色彩沉稳、丰富。

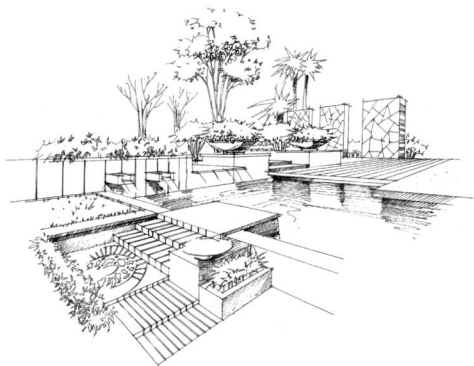

▲（1）用签字笔画线稿，把握透视，注意整体环境关系。

▲（2）从暗部开始起步，画面围绕景观主题展开，逐步呈现石材、木材、树、水体之间的环境依托关系。

▲（3）着色从物体的固有色入手，进一步表现周围的物体，把握画面的整体关系。

▲（4）画面调整和完善，注意整体与局部的关系、色彩的对比关系。完成作品。

工具

钢笔、针管笔、麦克笔、绘图纸、三角尺、小刀。

练习题

1. A4绘图纸1张；

2. 完成麦克笔技法表现图1张。

7）水粉

项目实训

示范：祝建华

水粉技法表现力强，具有较强的覆盖性能。用色的干、湿、厚、薄能产生不同的艺术效果，适用于多种空间环境的表现。分为湿画法与干画法，湿画法颜色较薄，铅笔底稿图形依然可见，便于深入刻画。干画法画面色泽饱和、明快，笔触强烈、肯定，形象描绘深入。表现图中往往是干、湿、厚、薄、综合运用。

▲（1）在绘图纸上刷出底色。

▲（2）给玻璃、天空、地面和墙体着色。

▲（3）刻画玻璃。

▲（4）画出汽车、植物和人。

▲（5）调整画面，完成作品。

工具

铅笔、针管笔、水粉笔、水粉纸、调色盘、三角尺、丁字尺。

练习题

1. A4 水粉纸 2 张；

2. 完成水粉技法表现图室内、室外各 1 张。

8）综合技法

项目实训

　　设计表达技法在实践运用中，往往是综合复合运用的。必须明白，单一的技法无法完成传达设计信息，单一的技法不能够"包打天下"。综合的运用是在掌握以上表现方法的基础上，进行理性选择、复合、综合运用的外在表现。由于技法的复合运用，其表现力强，方法的"加""减"能产生不同的艺术效果，适用于多种空间环境的表现。

▲（1）窗外景物和天花着色。

▲（2）右窗外景色和桌子着色。

▲（3）书房和餐厅着色。

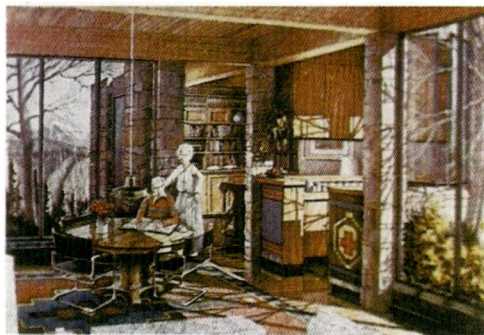

▲（4）木地板和地毯着色。

◀（5）调整画面，完成作品。

▲ 综合技法（钢笔淡彩、麦克）

▲ 综合技法（麦克、彩铅、水彩）

工具

铅笔、针管笔、水粉笔、水粉颜料、水彩笔、调色盘、麦克笔、彩铅、绘图胶纸、刻纸刀、三角尺、丁字尺。

练习题

1. A4 水粉纸 1 张；
2. A4 水彩纸 1 张；
3. A4 绘图纸 2 张；
4. 完成各综合技法。

9）抽象拼贴画

抽象拼贴画常被设计师用来作分层图像。这些图层可以是同一张合成图像里的拟建或已建场地、园林或物体的图像片段，也可以是平面图、透视图等数码图片与二维或三维的图片。抽象拼贴画比蒙太奇图片更加抽象地表现想法。相对于真实，抽象拼贴画通常只是提出假设，园林设计师使用抽象拼贴画来表现他们的想法时并不是打算将其表现为一种真实的印象。

案例解析

项目：黑修道士桥
地点：伦敦，英国
建筑师：林纯正（第 8 事务所）
时间：2007 年

▲ 这幅抽象拼贴画混合了黑修道士桥的真实照片与海边主题图片，例如冰淇淋车、海滩小屋与沙滩排球，集合了固有的真实事物与想象的物体，想象一真实图像所产生的效果是很刺激、很有力度的，表现了桥的再创造景象。

经验提示

抽象拼贴画这个词来源于法语单词"coll"即（粘住）。这是一项通过整理、分层与粘贴各种材料作为图底来制作合成图片的技术。

工具

色卡纸、图片、布料、刀、胶水、剪刀、钢尺、模板。

练习题

1. 准备各种材料；
2. 完成抽象粘贴画 1 张。

10) 模型

模型是用来研究园林各组成部分想法的非常有效的方式。大体可分为以下几类：

(1) 实体模型　实体模型是一种很普遍的表达方式，即便是在 CAD 技术不断发展的全球数字化的今天，实体模型在设计表达中仍占有重要的地位。它能提供一种直观的印象，有助于理解。可以全方位观看，向人们展示设计思想、材质与形状。

案例解析

项目：IBM 公司世界总部
地点：阿芒克，纽约州
建筑师：威廉·佩德森
时间：1997 年

实体模型可在园林设计过程的任何阶段进行制作，从概念的形成到确定最终方案。

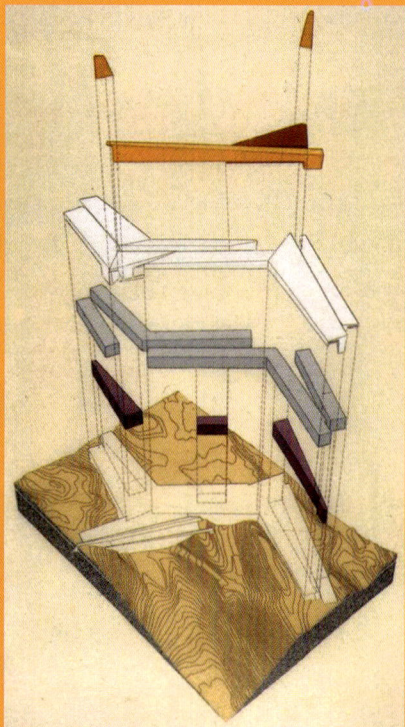

▲①根据设计概念进行模型构件制作，材料的质地选择与建筑的体量、材料感觉相吻合。

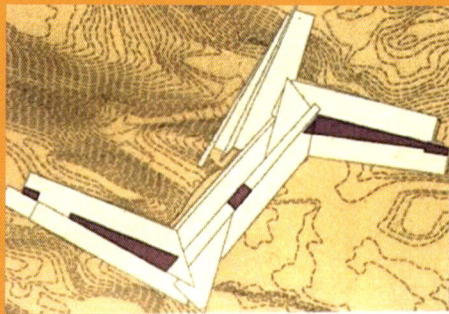

◀②建立与建筑关联的、与环境尺度相符的环境模型底面。

▲③将建筑与环境设计效果模型化。

(2) 概念模型　概念模型能够以简单的形式快速清晰地表达园林设计师的设计概念。对于这类模型而言，材料与颜色的选择是至关重要的。设计时需要将想法单独强调出来并加以夸大，从而使其更加清楚、正确地被理解。在设计阶段的不同时期所要求的模型制作方式也各不相同。无论什么"形式"，当你选择设计表达形式为实体模型后，就开始直观地思考园林体量、材料以及模型与设计概念的关系。

案例解析

项目：Picific Design Center Expansion

地点：加利福尼亚，美国

建筑师：塞扎·佩利

时间：1988 年

通过概念模型，可以很直观地思考建筑体量、材料，以及模型与设计概念的关系。

（3）实验模型　制作模型和雕塑来研究一个园林设计，可以通过对外观、平面、线条和边缘的处理使形式得到改进。这一设计过程是利用模型材料的特性创造园林的形式，所以比例不是首要考虑的事。实验模型肯定是按园林形式追随功能的思想来完成的。

在设计过程的这个阶段会制作大量模型来推敲园林的形式，它的优点是能提供许多园林视角，以供探讨和思考。

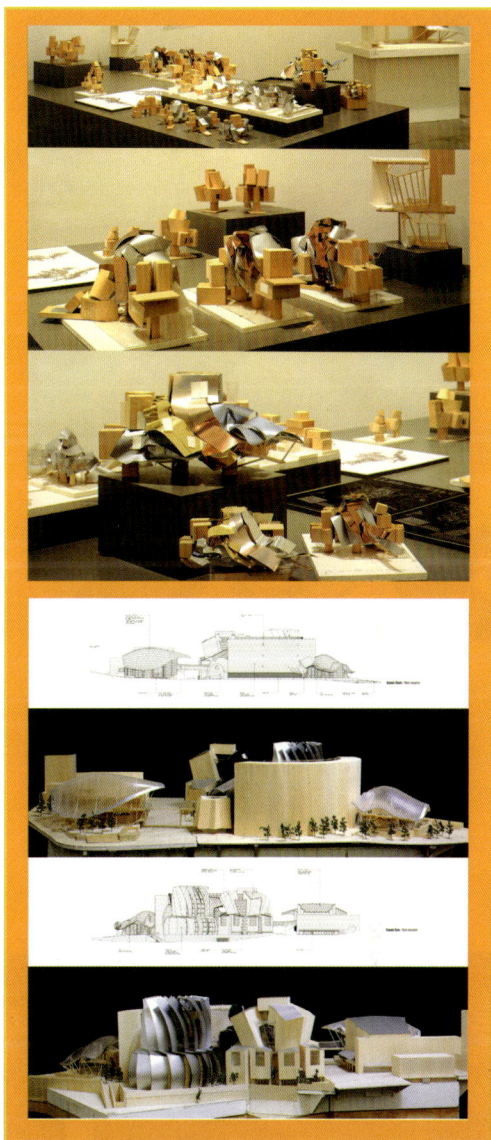

▲ 实验模型推敲　弗兰克·盖里
园林设计师经常通过模型来分析场地与园林之间的关系，园林体量、比例，园林造型与空间的关系。实际的三维实体能很好地表达空间关系。因此园林设计师经常在很多模型中比较、分析、提炼以获得最好的效果。所制作的模型和立面图相对应，有助于更好地理解比例、尺度，便于观察分析。

（4）深化模型　深化模型是在设计过程的不同阶段根据任务书的各种规格所做的一系列模型。这些模型表现了在设计过程中经过的各个阶段，它们也可能随着方案的发展做出重大的改变。它们提供了最快的手段寻找并解决三维体量上的问题，并且为设计的发展提供途径。同时，深化模型也可以作为客户与设计团队之间交流的基础，或者作为检测方案某个特殊方面的手段。

案例解析

项目:奇切斯特博物馆
地点:奇切斯特
建筑师:保罗·克莱文·巴图
时间:2007 年

这个项目的设计开始由一系列雕塑般的塔构成,里面容纳形成的主要交通路线。一系列的平台围绕着它们搭建,形成整个景观建筑的外形。设计中不同阶段的模型渲染图体现出了整个景观建筑设计的形成过程。

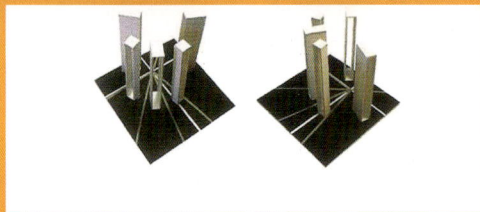

（5）发光模型　发光模型通过使用小灯泡、光学纤维、透明或半透明的材料来创造一种特殊的效果。通常用来重点表现一个方案或设计的特殊方面。

发光模型不仅能够创造一种精彩的美学效果,还会在某些项目上有很好的表现。例如:主要在夜间使用的园林在晚上会有比在白天更特殊的效果。同时,发光模型还能够表现出发光园林将对其周围环境产生的影响。

▲ 发光模型（学生作业）
　方案模型通过使用小灯泡,以内发光的形式使建筑产生一种特殊的效果,给观者以直观、真实的环

（6）表现模型　这是方案的最终模型。通常是在项目启动前用来征集公众评价，或者用来向客户展示最终建成景观的全貌。表现模型的尺度与周围园林的体量需要经过仔细的考虑。举例来说，如果一个项目与周围特殊点有联系，如重要的园林、道路或者路线，那么这些东西要在最终的模型中有所表现，因为它们能够对设计起到积极的作用。制作模型的各种材料和有关它们如何与最终方案相联系的信息，都会加强表现模型的真实性。

工具

垫板、金属尺、剪刀、刻刀、工作锯、热线刀等。

材料

卡纸、泡沫纸、木头、聚苯乙烯、泡沫塑料、金属、粘结剂、透明材料等。

▲ 表现模型

▲ 模型制作

项目：新农业城镇总体规划
地点：北京，中国
设计：KPF 建筑事务所
时间：2000 年

技法解析

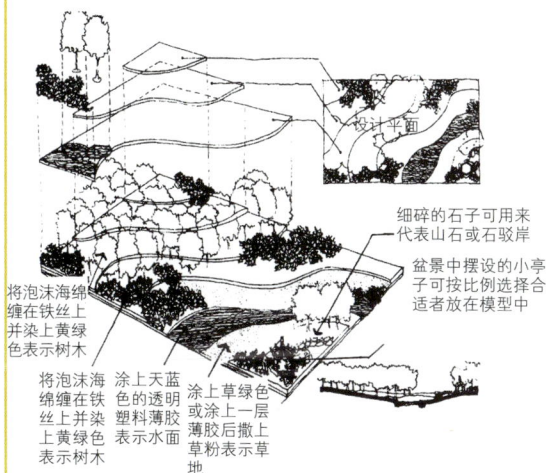

设计平面

细碎的石子可用来代表山石或石驳岸

盆景中摆设的小亭子可按比例选择合适者放在模型中

将泡沫海绵缠在铁丝上并染上黄绿色表示树木

将泡沫海绵缠在铁丝上并染上黄绿色表示树木

涂上天蓝色的透明塑料薄胶表示水面

涂上草绿色或涂上一层薄胶后撒上草粉表示草地

▲ 园林表现模型的基本做法

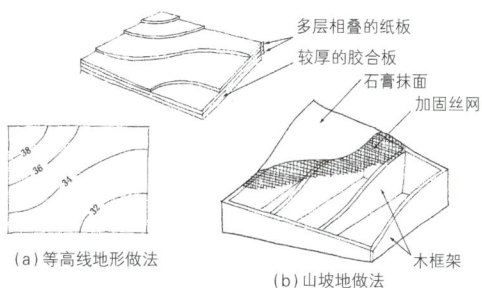

多层相叠的纸板

较厚的胶合板

石膏抹面

加固丝网

（a）等高线地形做法

（b）山坡地做法

木框架

（c）各种树木模型

▲ 地形和树木模型的做法

学生项目作业实践

项目:养老院

基地区位:西安市闸口村

设计表现:模型

设计:程雅妮　徐春英　车璐

时间:2009 年

◀ 生态走廊效果

◀ 夜景效果

2.1.2　渲染技法

1）透视的建立

透视图可以分为一点透视、斜一点透视、两点透视、斜两点透视和三点透视。这里所说的点指的是在图画中所有线聚集在一起的点。每一个因交会而形成的点叫作灭点。

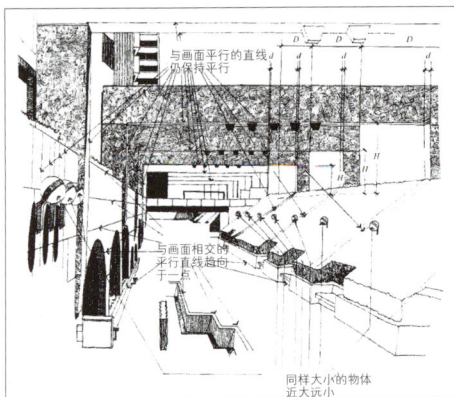

▲透视的一些特征
①与画面平行的直线仍保持平行;
②与画面相交的平行直线趋向于一点;
③同样大小的物体近大远小。

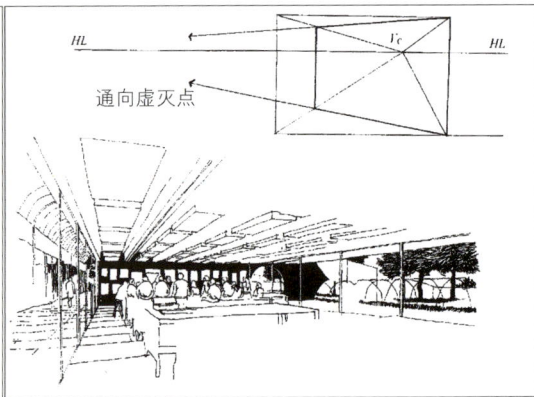

▲斜一点透视图

通向虚灭点

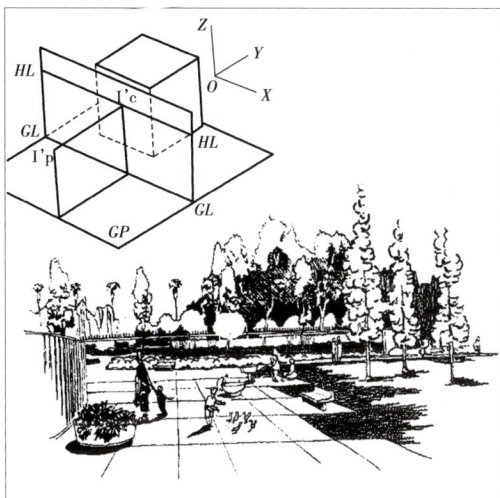

▲ 一点透视图
　一点透视图有一个中心的灭点，使得空间的深度感得到加强，经常用来表现室内透视。缺点是会使画面显得些许呆板，缺乏生气。

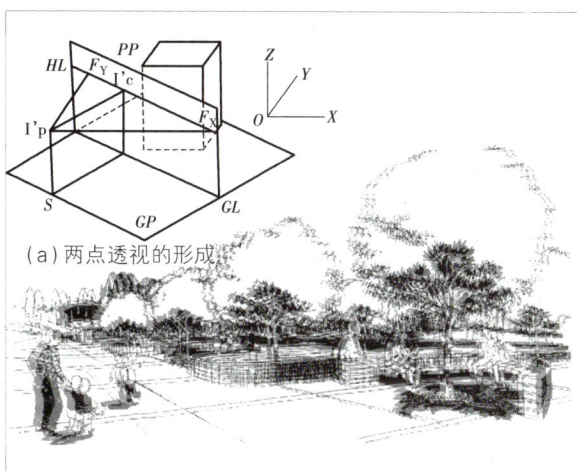

（a）两点透视的形成

▲ 两点透视图
常用来描绘场地或街道背景下较小的园林景观。

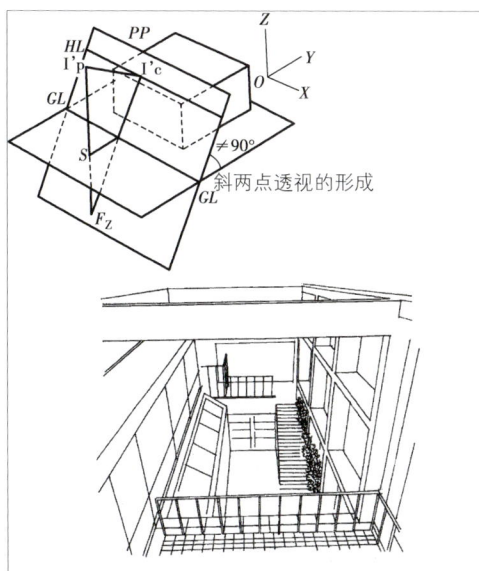

斜两点透视的形成

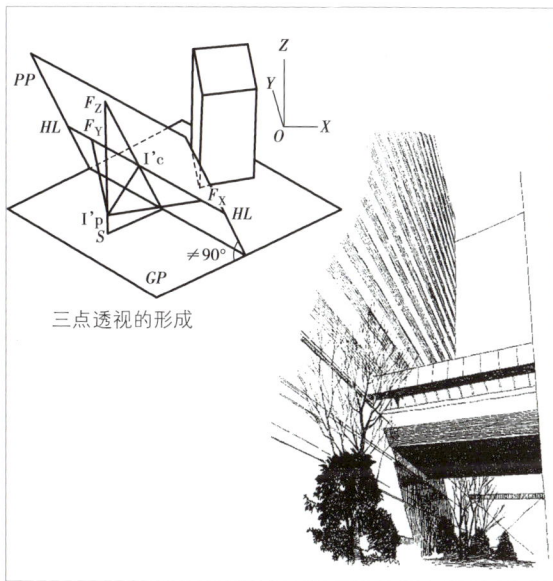

三点透视的形成

▲ 斜两点透视图

▲ 三点透视图
常用来表现较大的园林景观与它们周围环境的相互关系。

▲ 一点透视图

两点透视图 ▶

▲斜一点透视图

三点透视图▶

2）园林透视图

园林透视图是根据平面图、剖面图与立面图等各种信息来制作的手绘图。要绘制一幅建筑透视图，首先是确定图像的视点，然后根据剖面图与立面图得到建筑上各个空间高度的细节，同时也得到各种开口，如门、窗等。

经验提示

以下是在绘制透视图时要注意的几条重要原则：所有的线都必须集中于灭点。物体越靠近图像的中间，或越靠近灭点，就会变得越小。要想加强透视感与真实性，图像中的空间与进深必须要保持不变。

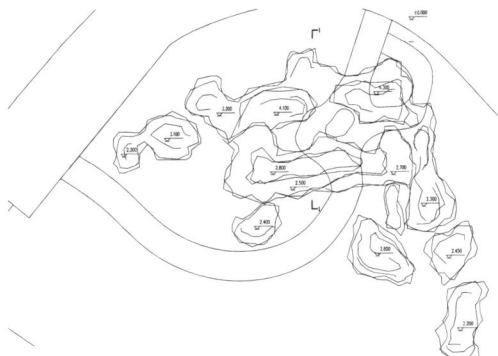

▲旱山平面图

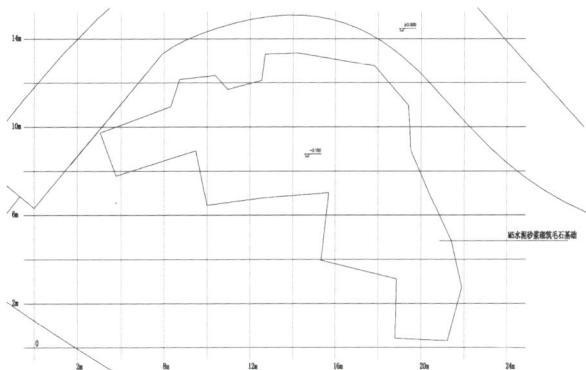

▲基础平面图

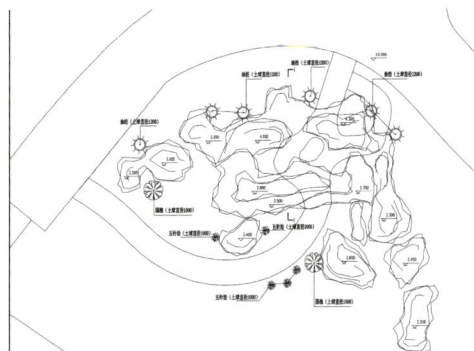

▲苗木移植平面图

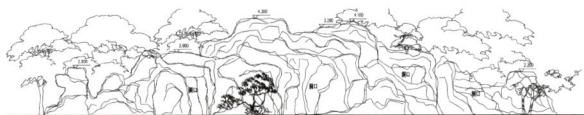

▲旱山正立面展开图

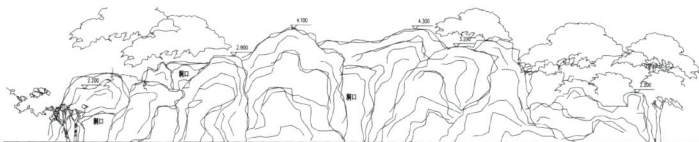

▲ 旱山背立面展开图

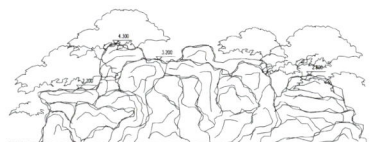

▲ 旱山侧立面图

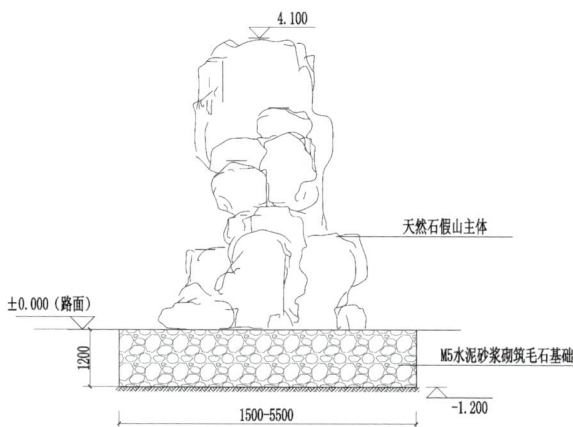

▲ 1—1剖面图

分析点评

这是一组假山的施工设计图，由平面、立面、剖面组成的图纸，完整、系统、严谨地表现了假山的施工设计，使之成为有用、能用的"施工文件"，设计表现图纸才具有了实践意义。

（1）一点透视 WW

即时训练 1

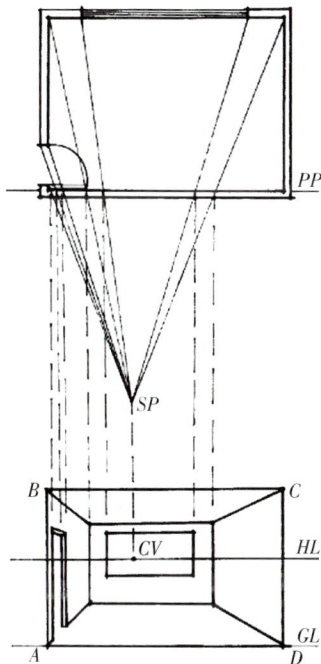

▲ 一点透视足线法

一点透视足线法

步骤：

①在画面 PP 线下方留出足够的空间确定基线 GL。

②确定立点 SP 与画面 PP 的位置关系。

③以立面图空间高度与平面图相对完成 A, B, C, D。以 AB 或 DC 为真高线，在 1.5 m 高度作视平线 HL，过立点 SP 向视平线 HL 作垂线，交点即为心点 CV。

④将平面图中各个内角及转折点与点 SP 相连接，连线交于画面 PP 线。

⑤过画面 PP 线上的各连线的交点分别向下作垂线，找出各点在透视图中的空间位置，利用真高线尺寸可求得透视图内各点的空间高度。

即时训练 2   两点透视足线法

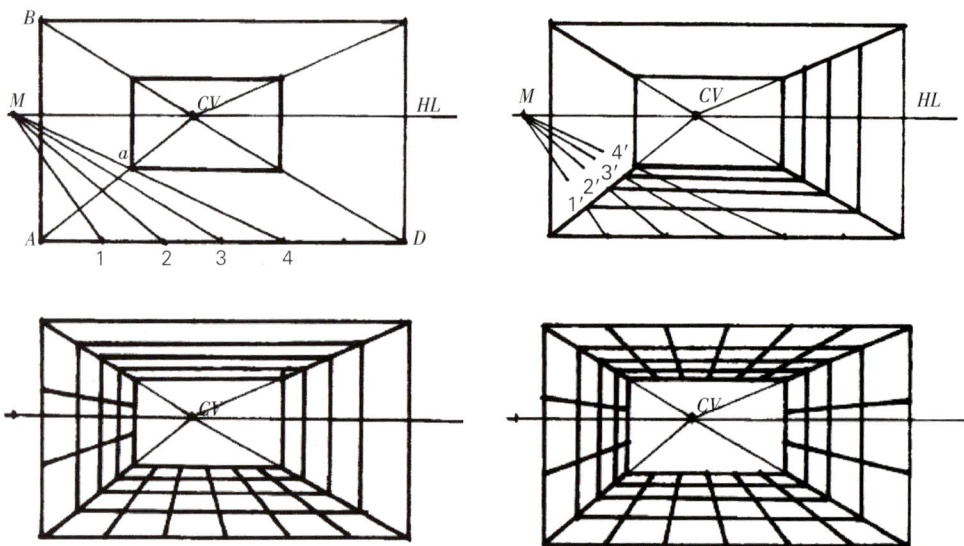

▲ 一点透视量点法

步骤：

①按实际比例确定宽和高 AB、CD，然后利用测点 M，即可求出室内的进深。例如：AD = 6 m（宽），AB = 3 m（高），EL = 1.6 m（视高），Aa = 4 m（进深）。

②从 M 点分别向 1、2、3、4 画线与 Aa 相交的各点 1'、2'、3'、4' 距离和为进深。

经验提示

①消失点 VP 定在中心 1/3 段偏左或偏右处。

②中心消失点偏右，测点 M 则定在视平线右侧。

练习题

1. A4 纸 4 张；

2. 用量点法和足线法完成室内一点透视图；

3. 用足线法完成园林两点透视图。

（2）两点透视（成角透视）　两点透视图可根据平面布置的方向，选择最佳角度，有利于设计主体的重点表现。

即时训练 3

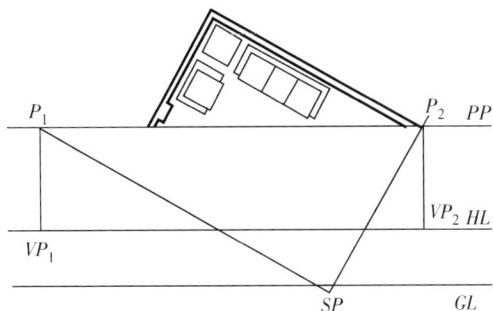

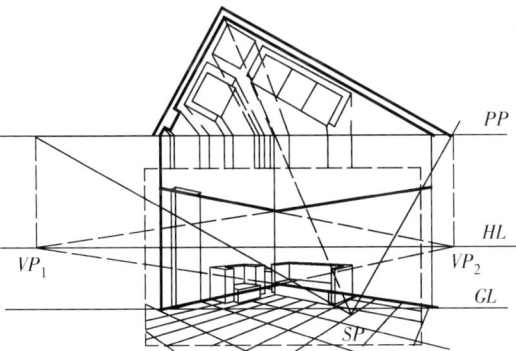

▲ 两点透视足线法

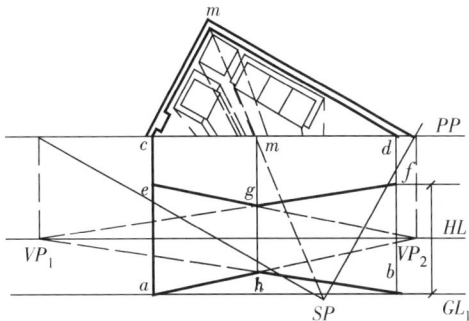

步骤：

①定平面图的范围及与画面 PP 线间的夹角，定基线 GL 的位置，画出视平线 HL，在基线 GL 线下方定出足点 S_P，由此作平行于两墙面的直线交画面 PP 线于 P_1、P_2，由此两点向视平线 HL 作垂直线交 VP1、VP2，由此两点就是左、右消失点。

②由与 PP 线与内墙面交点 c、d 向下做垂线，交 GL 于 a、b，在 ac 和 bd 上确定其高度 ae 或 bf，墙角 m 点与立点 SP 的连线交 m' 点，向下做垂线，连接 VP_1、f，VP_2、e，VP_2、a 通过 m' 的垂线交于 g、h，gh 为墙角的透视高，ahge、bfgh 即为墙体空间界面图形。

③将平面图内各物体转折点与立点 SP 相连，交 PP 线于各点，过各点分别向下做垂线，可求得透视效果。

2.2　基于工程制图的设计表达

施工方法是决定设计的重要因素。

2.2.1　绘图种类

表达园林的一套图将包含一系列的平面图、立面图、剖面图和工程详图。

绘制园林平面图需要了解并领会所设计的园林建筑和植物的联系。第一步是形成对整个园林的概述，这是迈向了解必不可少的一步。概略图由一系列被交通流线连接在一起的综合组成。

概略图设计好了，就需要通过引入景观要素来详细地安排各个园林的布局。当各个园林平面图完成时，需要按景观要素的功能调整平面图，对材料的使用、几何性、对称性和路线再做进一步的改进。

案例解析

项目:重庆潼南县太安镇鱼溅坝帝安农业产业园区规划
地点:潼南,重庆

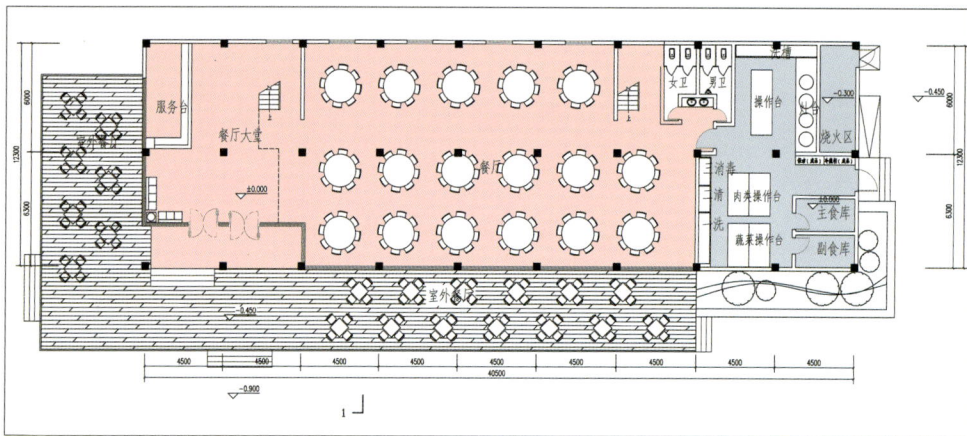

▲ 建筑平面图

用CAD等软件绘制的平面图是设计图纸要首先考虑的,平面图的建筑体量、容量、功能区域分布等设计的同时,就要考虑到相关联的立面、顶面的设计,是在画立面图之前进行的。平、立、剖面是最方便识读图纸尺寸的。

▲ 立面图

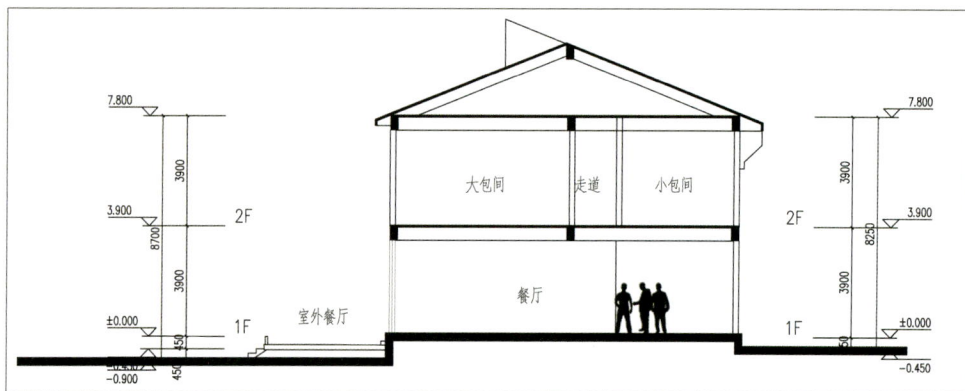

▲ 剖面图

2.2.2 绘图惯例

当绘制一个平面图时,应使用图形惯例来描述布局。所谓惯例是指业内的标准,主要有国际标准、国家出图标准等。加入这些惯例,除去了需要用附加文字解释图纸的必要。线条粗细的变化用来表明在平面图中实体感或永久性的不同程度。粗线条暗示更持久或密实的材料(砖石墙),而细线条暗示了一个临时性的或轻质的材料。

最后,平面图应该显示一个指北针,这样能帮助人们了解设计的园林与环境和朝向的关系,并了解阳光对不同的空间会产生的影响。

绘图惯例应该被承认,并且设计图需要始终如一地运用它们。然而,一些园林设计师可能会采取更特殊的方式应用符号和图中包含的信息类型,创造一种有特色的(如果不是通用的)惯例风格。

案例解析

项目:南京艺术和建筑博物馆
地点:南京,中国
建筑师:斯蒂文·霍尔建筑事务所
时间:2006 年

此博物馆位于中国南京附近,由相似的透视空间和花园围墙构成,如下面的场地平面图所示。在运用等高线的绿色地形基址上,包围着主体建筑——博物馆上层画廊悬浮在高空中,按顺时针旋转依次展开。

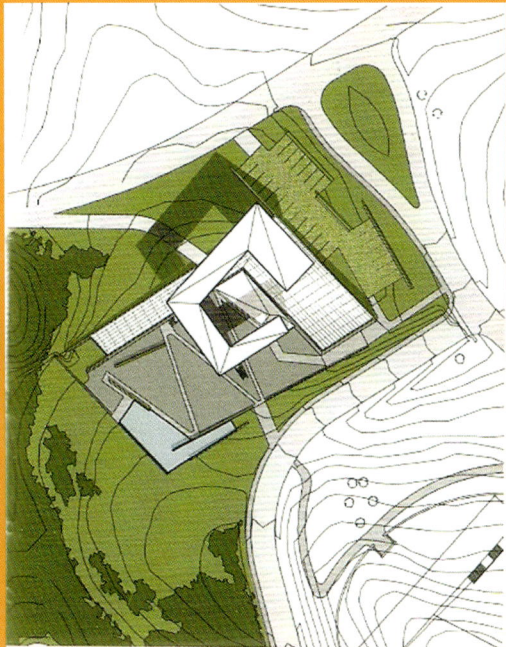

绘图惯例 ▼

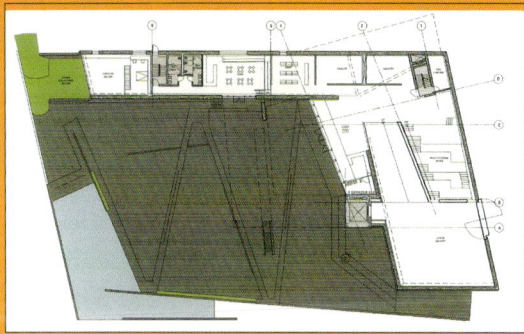

1) 平面图类型

　　平面图类型有基址平面图、设计平面图、园林建筑平面图、植物建植平面图、道路平面图、艺术景观平面图等。

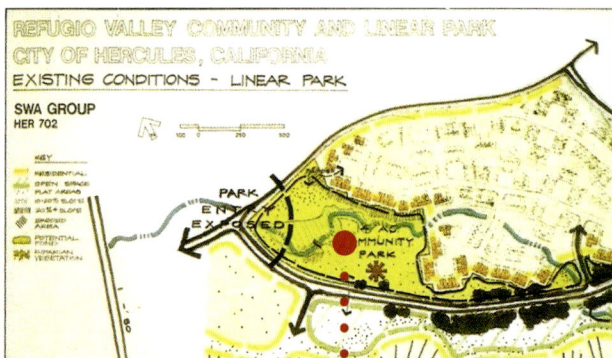

▲ 公园规划平面图

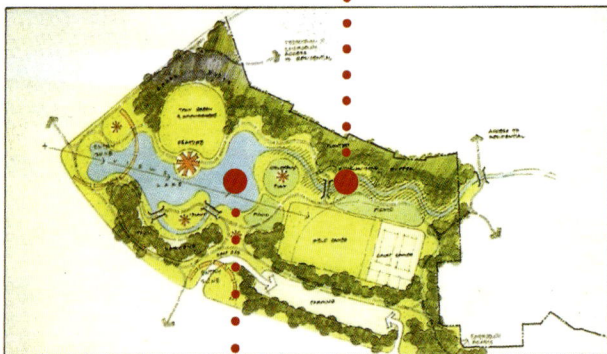

▲ 水面周围建筑平面图

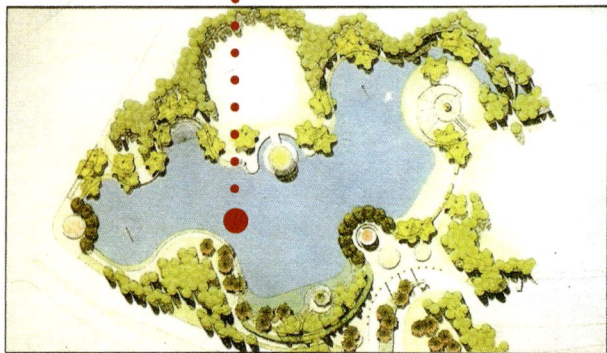

逻辑平面图
地点：加利福尼
亚，美国 ▲

◄ 组团与带状公园平面图

2) 立面图

　　立面图是园林的内部与外部之间的分界面。园林可以从外部到内部设计，通过立面形成内部的平面。然而，更多园林设计师的设计过程通常是以平面图开始的，而立面图是对应平面图形成的。

3）剖面图

剖面图是在园林的设计和描绘中最有帮助和启发的图之一。与所有二维图一样，剖面图是一个抽象的描绘。剖面图表达了一个园林的内部、外部的联系和园林之间的关系。它们还可以展示园林建筑墙体的厚度与内部元素如屋顶、外部的边界墙、植物和其他空间的关系。

案例解析

项目：重庆潼南县太安镇鱼溅坝帝安农业产业园区规划

地点：潼南，重庆

设计：祝乐

立面图▶

剖面图▶

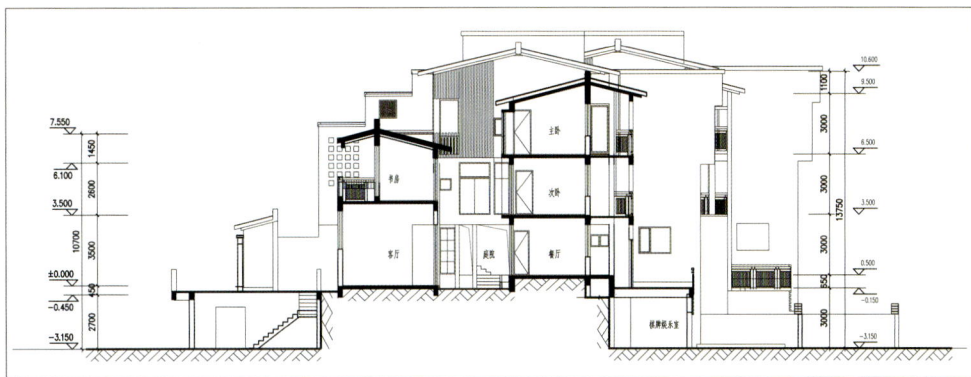

练习题

1. A2绘图纸数张；

2. 完成园林景观设计平面图、立面图和剖面图数张。

▲ 从园景的不同视角看，可以分别得到园景的平面图、正立面图、侧立面图。平面图反映园景的长宽，立面图则相当于平面图的效果图。

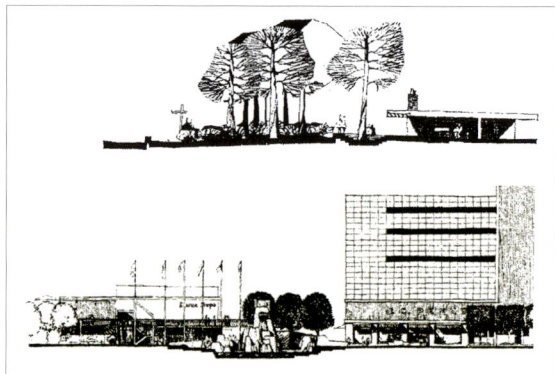

▲园景的立面表现图

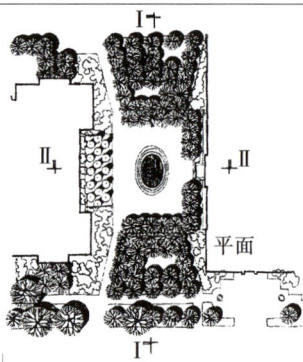

园景的剖面图是平面图的补充，可以通过剖面图来看细部结构。

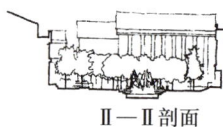

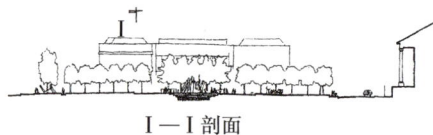

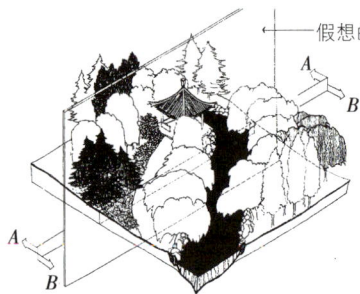

Ⅱ—Ⅱ剖面

Ⅰ—Ⅰ剖面

假想的剖切平面　　园景剖切概念如左图，假想有一剖切平面将透视图一分为二，剖切后得到A—A，B—B剖切图。

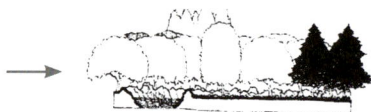

▲ A—A剖面图

▲园景剖切后形成的视图

▲ B—B剖面图

4)施工详图

案例解析

项目:成都农业科技职业技术学院

地点:四川,成都

设计:祝建华

时间:2007 年

▲ 施工详图

练习题

1. A2 绘图纸数张。

2. 完成环境景观设计施工详图数张。

▲ 施工详图

学生作业实训——庭院平面设计　　　作者:邓立　指导老师:刘勇奇

作业要求

1. 空间尺度合理、比例关系准确;
2. 透视选择合理、准确;
3. 画面协调,注重整体气氛的营造、色彩运用及材质表现恰当;
4. A3 或 A4 纸数张。

前期准备

1. 工具准备:绘图纸一张、铅笔、彩铅、马克笔、直尺;
2. 设计好户型方案;
3. 确定好构图位置;
4. 准备画图。

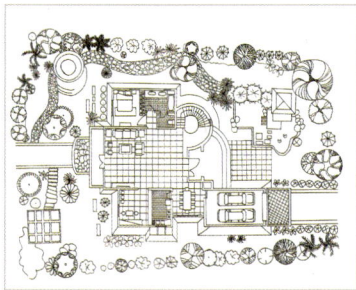

（1）起稿,用铅笔勾勒出户型园林图,上好墨线,调整好画面比例。

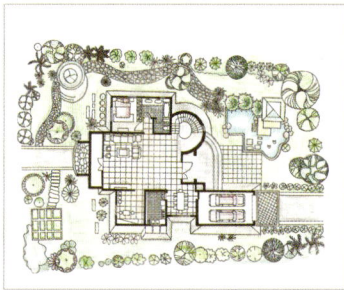

（2）用彩铅或麦克笔上好阴影部分,调整好画面色调。

（3）继续阴影部分的加强,从整体出发,注意色彩的变化。

（4）用麦克笔强调暗部,注意暗亮面的变化。

（5）调整整体,上好亮面的色彩,注意画面的整洁。

（6）刻画细节,从整体着手。

分析点评

　　该设计图采用淡彩、剖平面的表现形式,平面布局合理,整体清新,用色大胆,细节刻画深入,节奏明快,色调统一。

3 表现的技术问题

【本章导读】

本章探讨阐述了应掌握和解决设计表达绘图怎样的专业技术基本问题,这些技术问题在业内往往是出图的标准和惯例。仅会有渲染的绘制,无论工作是设计还是出图是不能"上岗"的。这里的技术问题,是怎样进入专业职业的表达问题。

设计绘图是一种语言,对于一个给定的方案条件,园林绘图的语言是多样的,适合的是正确的。但词汇是基础。通过线的形式表达,所有的线条或笔触都是经过深思熟虑的。这种"深思熟虑"就是"技术"问题,设计表现伴随着思考因素,运用绘图语言的"技术",遵循其特有的规律,完善它并发展它,于是它传达了设计想法。本章节所学习表现的所谓技法问题,是实实在在的专业的设计表现方法的体验。

【建议课时】

20 课时

3.1 空间表现中的方式

3.1.1 基调与形式——智力的游戏

1)草图——重要的起点

草图产生于人们对设计的观察、分析及推敲发展。草图的优点是能够直观地解决设计问题,并能思辨重复地展开你的想法。大部分草图不是按比例绘制的。同样地,运用在场地或环境分析里的图解也不必要按比例绘制。通常它们对环境设计表达了一个具体的想法或对环境和空间的理解,因此比例又一次与其不相关了,而是与设计思想密切关联的。

(1)透视草图 要草拟一张透视图首先要做的是观察并研究一个焦点,然后草拟出以这个角度所观察到的图像。

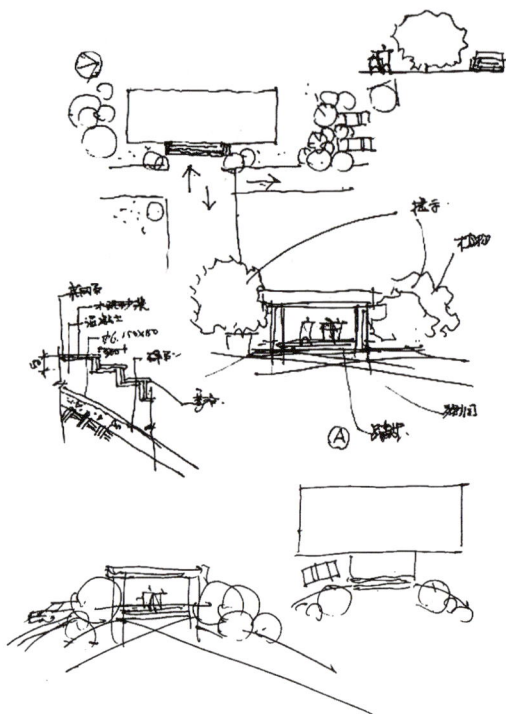

▲ 透视草图在概念设计中的运用

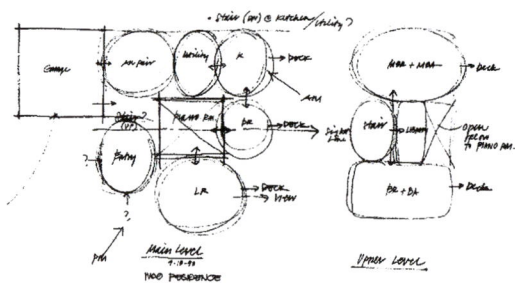

▲ 项目分析草图（泡泡图）

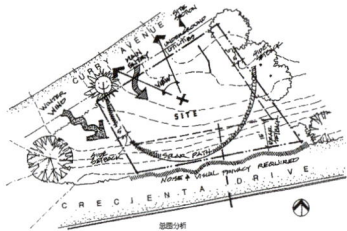

▲ 场地分析草图

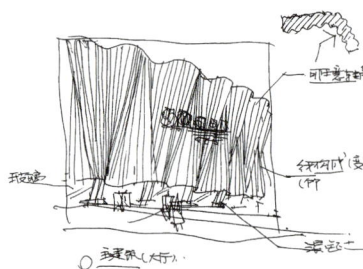

▲ 漂流中心立面概念设计草图
　　设计：祝建华2009

▲ 某公园入口设计分析草图

各种设计思考分析草图
草图是设计的起点，"草图——大师"，其思考是成就设计师重要的手段，草图的工具是多样的。

案例：

▲ 方案设计中草图的绘制将使概念的设想更加清晰与直观

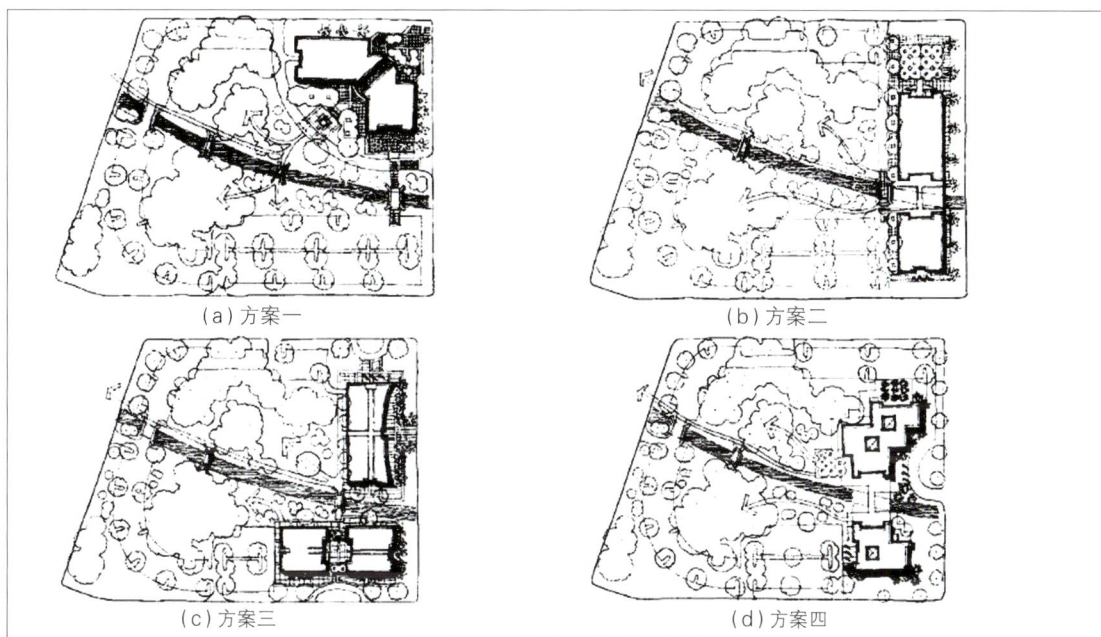

(a) 方案一

(b) 方案二

(c) 方案三

(d) 方案四

▲ 草图的绘制为方案的确定提供了多种可能性

案例解析

项目：Giffords 总部

地点：汉普郡，英国

建筑师：Design Engine 事务所

时间：2004 年

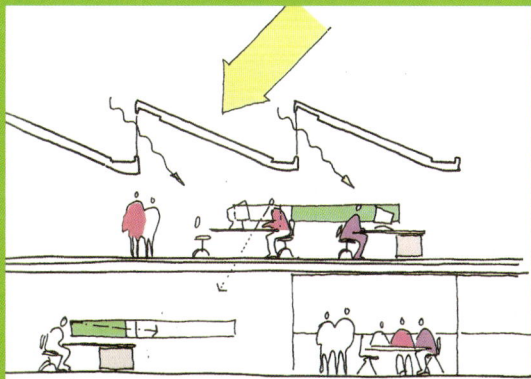

▲ 充满激情的表现使枯燥的方案推敲过程变得趣味盎然。

▲ 扎实的写实功底和独特的线条组合，使草图既起到实用的分析推敲作用，又有赏心悦目的艺术价值。从某种意义上说，设计师这种随时流露出的艺术修养，又会增强客户对设计师的信任感，从而提高设计师自身的价值。

（2）草图绘制

常用的草图用具：
自动铅笔（03 或 05 mm）
纤维尖头钢笔（02、05 和 08 mm）
可调节的三角板（20 cm）
45°的三角板
60°的三角板圆模板
30 cm 的比例尺一卷白色描图纸
一卷誊写纸
A3 的描图垫（60 g）
A3 的薄膜垫（50 μm）
画图板
速写本
卷尺
一套曲线板

其中最重要的是速写本。利用一个 A4（210 mm×297 mm）的速写本是一个很好的开端，纸张有足够大的地方容纳不同绘图技巧的实践草图。一个 A5（148 mm×210 mm）的速写本对于出行来说很方便。一个 A3（297 mm×420 mm）的速写本非常适合草拟实物和大比例的图像（例如立面）。

钢笔、铅笔和彩色工具都属于细线条，可以用来画明暗和细部，重的线条可用来表明形式和实物。

使用一系列钢笔尖尺寸的羽纤维尖头钢笔，将影响线条的层次。铅笔可以提供一系列线条度量单位，可选择软的（B 型）铅笔和硬的（H 型）铅笔。一支 0.5 mm 自动铅笔，使用一系列软硬度不同的铅笔，就变成了又一个灵活的画图工具。

用黑色墨水钢笔画草图是一个重要的技巧，因为墨线与纸形成的反差会形成"清晰的"图像。

橡皮工具尽量少用。当画草图时，反复地练习是很重要的，可以从不同的草图中去探索。速写中的草图是对所绘图画的收藏，同时也反映出了创作过程中技巧和想法的发展过程。

草图练习可以使用单独的纸张和铅笔，每次绘图时都尝试练习使用新的工具和新的方法，可以帮助自己丰富和加深绘图的体验。

▲ 室内设计材料运用草图　工具：彩色底图、针管笔

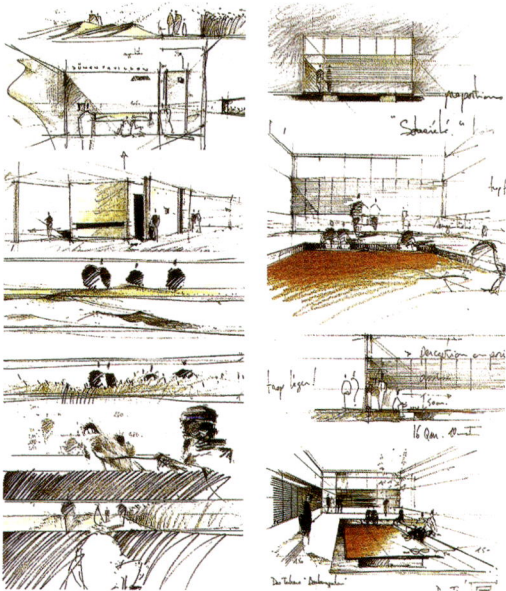

▲ 阶段性草图的快速表现　工具：铅笔、钢笔、水彩笔

（3）草图种类　主要分为概念草图、透视草图、分析草图、观察草图、框架草图、实验草图等。

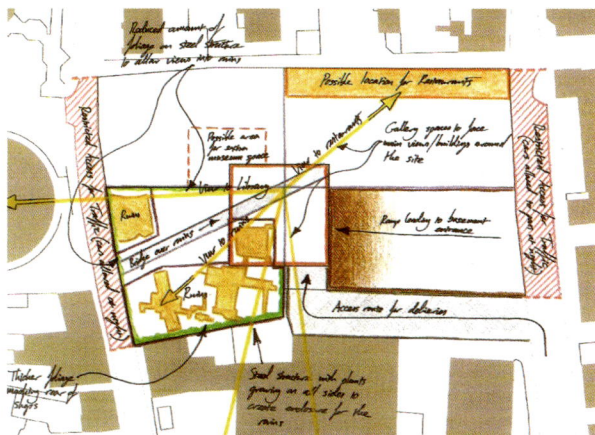

◀ 分析草图
　工具：针管笔、彩铅

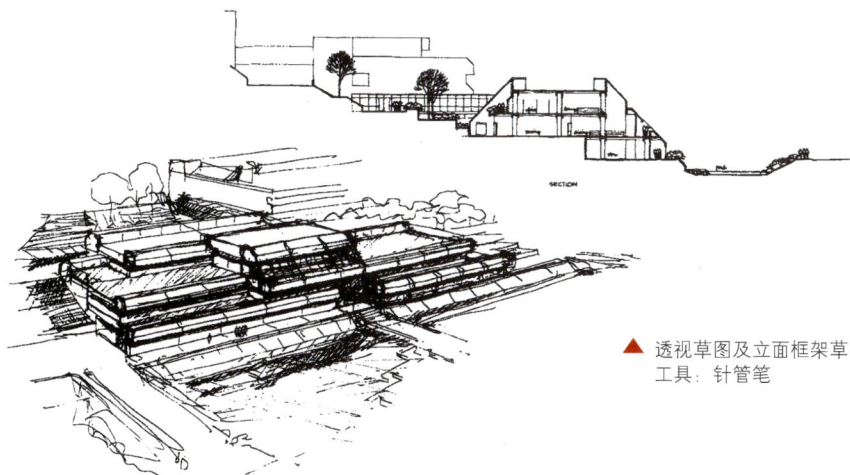

▲ 透视草图及立面框架草图
　工具：针管笔

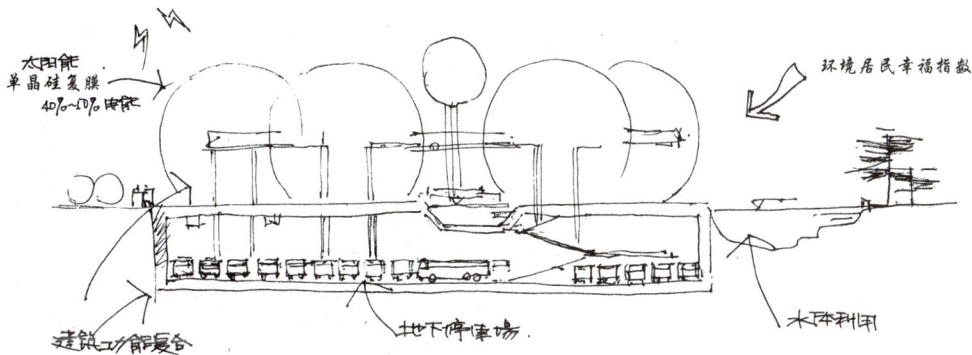

▲ 成都双流客运中心改建概念草图
　时间：2008.设计：祝建华

练习题

1. 运用 A4 纸分别做概念草图和透视草图，工具不限（在教师指导下完成）。

2. 用 A4 纸临摹分析草图。

画草图小技巧——一点变两点、K线法

● 一点变两点

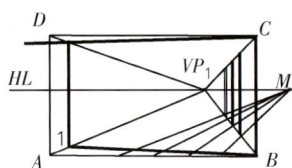

▲ ①在1.6 m处设为视平线HL，灭点VP_1点，M点任意选定，另一点M也任意选定，实际长宽ABCD各点连接灭点VP_1利用M点定进深，任意选取点1，连接1B并向上作垂线。

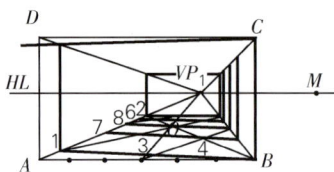

▲ ②VP_1与AB中线交1B于3点，1点连接对角进深端点与VP_1–3交于底面中点，连接B与中点O延线与VP_1交于2点。

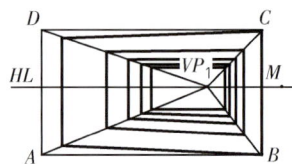

▲ ③利用对角线快速找出各透视中点与进深点延线交A2各点，分别向上作垂线得到"一点变两点"的新的透视图形。

图中视点位于中心

图中有两个视点

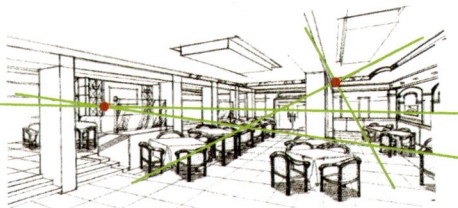

图中视点向右偏移

▲ 一点变两点作图法

一点变两点透视图能增强空间的进深感，使画面生动、主次有序，表达重点得到加强。一点透视略显呆板，没有两点透视"抓人"。

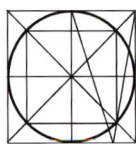

八点法画圆

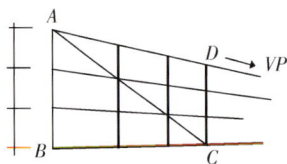

透视图形的垂直等分

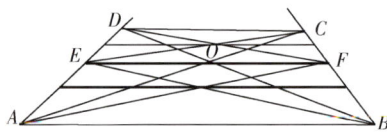

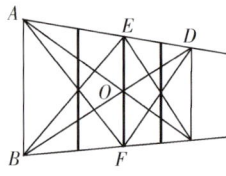

对脚线分割透视图

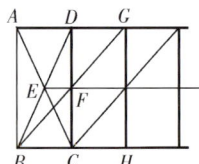

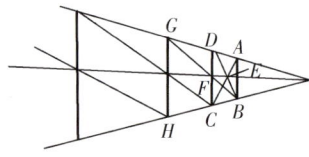

透视面的延伸

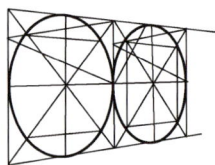

八点法画圆的透视

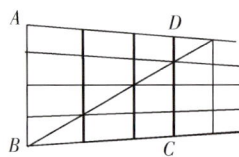

透视图形的垂直等分

对脚线分割透视图

透视面的形体的延伸

• K 线法

使整个面的面积增加了,在绘制视效果图时能更好地表现设计师的想法。

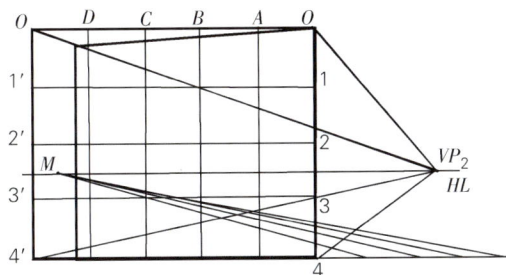

▲ 1.在1.5 m高处设定为视平线*HL*,灭点*VP₂*及*M*点任意选定,另一灭点线也任意定出,然后利用测点*M*求出物体的进深。

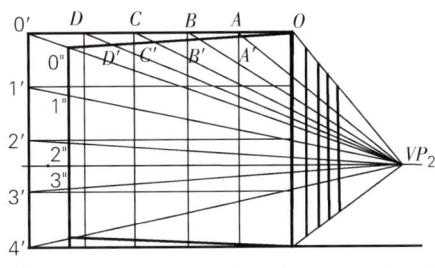

▲ 2.*A*、*B*、*C*、*D*与点1'、2'、3'、4'分别与*VP₂*连结,得到点*A*'、*B*'、*C*'、*D*'和0"、1"、2"、3"。

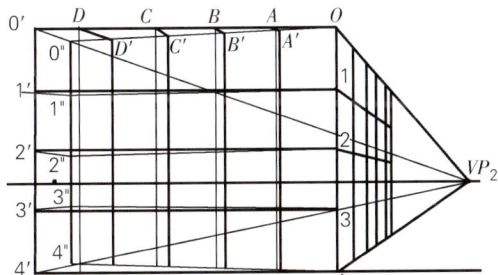

▲ 3.连结1—1"、2—2"、3—3",画出*A*'、*B*'、*C*'、*D*'的垂直线。

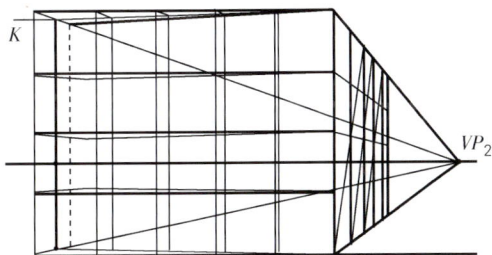

▲ 4.利用介线*K*进行两次分割。

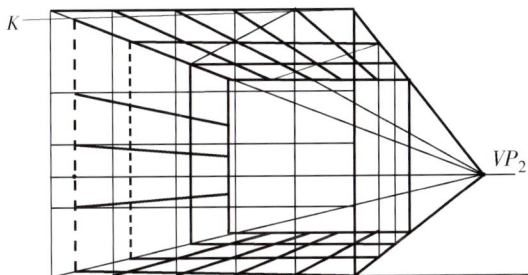

▲ 5.将*K*线上的各交点向下作垂直线即得到理想的透视。

练习题

1.A4 纸 1 张

2.用 K 线法绘制园林建筑透视图。

(4)草图分析思考

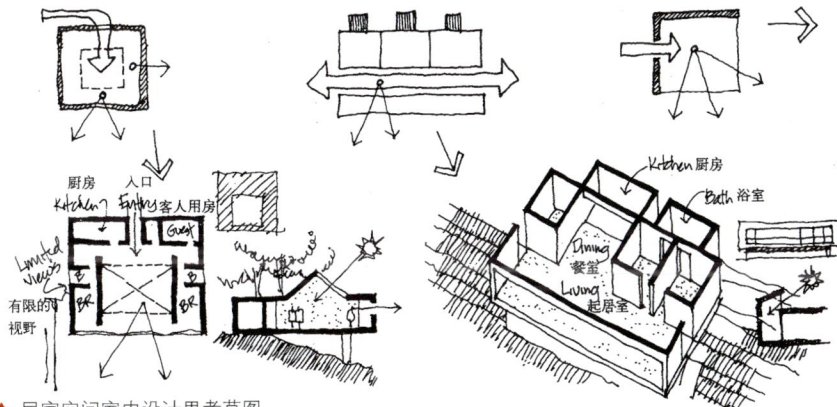

▲ 居室空间室内设计思考草图

▲ 饭店设计思考草图

2）"语法"——专业智慧的选择

　　园林环境设计表现，采用透视图、渲染图并不能完全准确全面地表达，而设计内容与基调形式的运用关系也影响表现技法的效果。此外还有设计图画法几何的二维表现、轴测图、复色技法、色彩概括，文字概述等方法选择与运用是极富脑力的"专业智慧游戏"。

　　（1）画法几何　在画法几何中，借助于投影体系的方法，可以将三维物体以若干二维平面投影方式表现出来。

▲ 借助画法几何求形体阴影

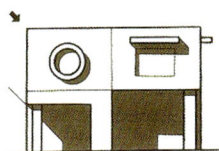
正面图

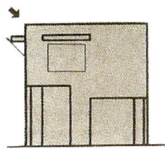
侧面图

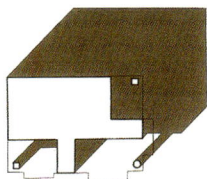
平面图

▲ 正光源投影，体积感不强

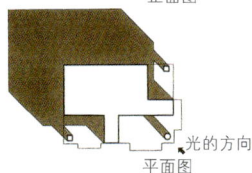
光的方向

正面图 侧面图

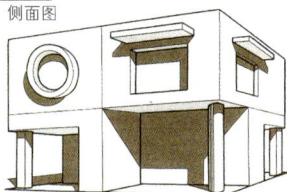
光的方向
平面图

◀ 侧光源投影，体积感强烈
此方法可经常采用

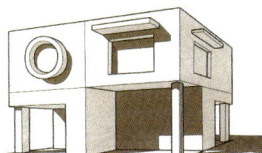

▼ 投影在概念效果图中的运用，使方
案更直观化

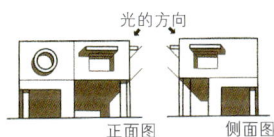

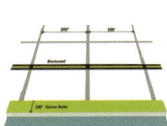  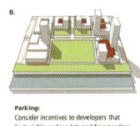

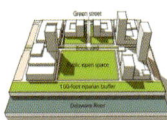  

练习题

园林建筑或景观设计，分别添加上面光源和下面光源，观察光影与体量感的变化。

工具

A4 纸、铅笔或绘图笔、钢笔

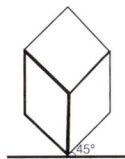

▲ 正等
主体的3个轴尺寸与投形尺寸相等。水平方向保持投影的特征不变，整体上与垂直线成一个夹角，夹角一般选定为30°、45°。

（2）轴测图　轴测图在设计表达中被广泛运用，但做法上往往被忽视。轴测图由于其工程几何特性，能够准确地反映出园林建筑设计的真实尺寸。

轴测图以投影几何为基础，将主体的平面性投影整合还原成立体图像，可以很容易地清晰表述剖面的骨架、内部空间的设计、复杂的外部形体，给人以直观的感受。

（3）各自的表现特征　30°轴侧图立体感较强;45°轴测图能最大程度地反映3个面;零角度完整地反映两个面。

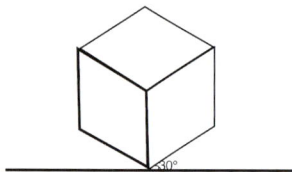

▲ 斜等
主体的3个轴向尺寸与投影尺寸相等。水平投影方向的角度有所调整，正交的90°变成了斜交的120°。矩形的一边与垂直线成一夹角，夹角一般为30°、45°轴测图。

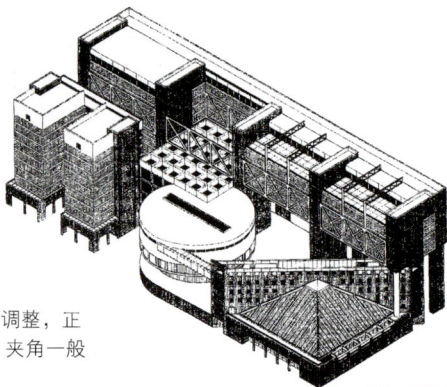

Michael Eieldman

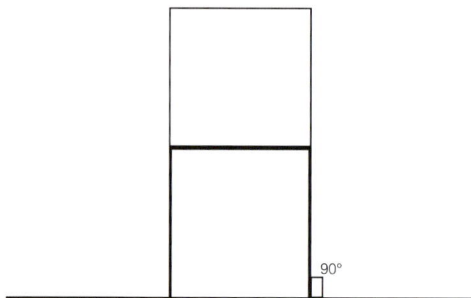

▲ 零角度
主体的3个轴向尺寸与投影尺寸相等。水平方向保持投影的原有特性，因而一条直角边与画面垂线重合。

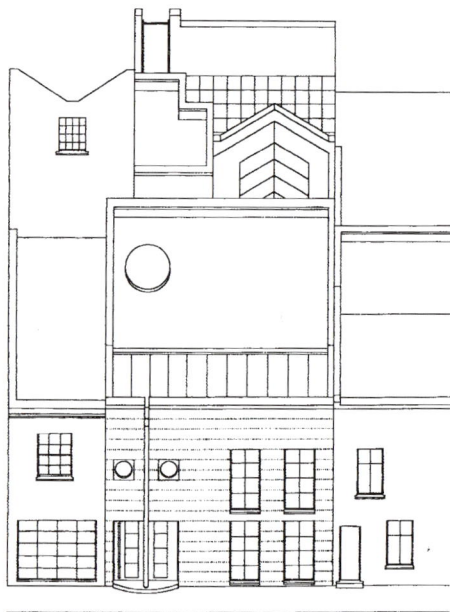

T Mcaslam

(4) 阴影　利用阴影增加园林建筑设计体量感。

(5) 扩展　有意识地强调阴影，使其扩大化，这种方法可用于平、立、剖面图。

(6) 层叠　是将实体按平面剖切的表现方法。

(7) 拆分　将设计实体按结构或按设计意图分解的表示方式。

▲ 景观阴影进行了人为的扩展，更加突出了景观体量。

▲ 光影常用来表现景观设计的层次感。

▲ 阴影的强调增强了景观设计的体量感与秩序感。

沿海沼泽路径　主路径　　水流通路　水行走路径
柏树沼泽路径　　　　　　主路径
主路径缩小　　　　　　　进入路径

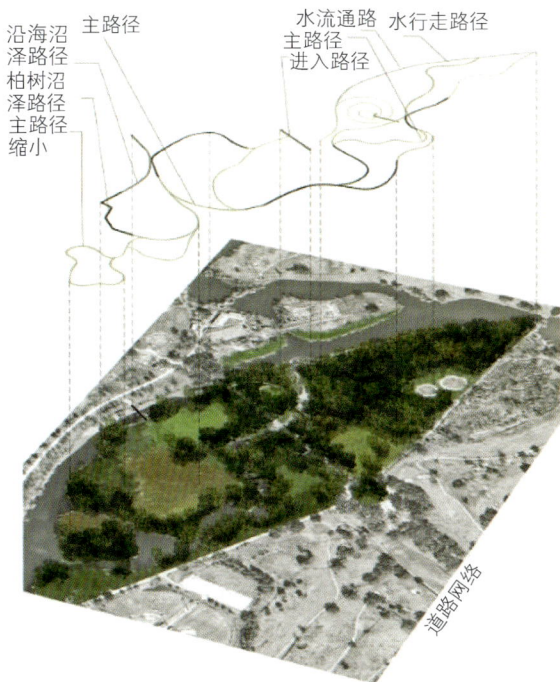
道路网络

▲ 层叠
　场地规划图中利用地形图、等高线、场地实际地图的层叠分析图。

练习题

选取一实拍鸟瞰建筑分别进行 30°、45°、0° 轴测图的并置绘制,观察其立体感表现视觉面的大小。

工具

钢笔淡彩或水彩、A4 水彩纸

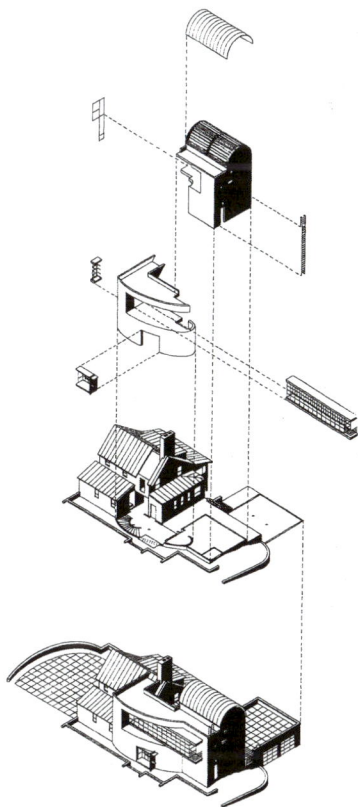
▲ 拆分
在景观建筑组构分解中,准确清晰地表达建筑构件的组成,使拆分的表达成其设计的最佳路径。

(8)剖切图　剖切图可以揭示场地的内部形态,用来推敲景观之间的关系或者揭示景观的结构与构造和设计是如何与概念想法联系的。剖切图的设计表达技法常是 30°、45° 轴测图或透视图,表现为去掉平面、墙体或剖向人们提供对建筑内部或形态内部一目了然的模型。

▶ 长和短的剖面图
长剖面图和短剖面图相互结合的方法。长剖面图是从最长的平面部分绘制的，用来表达场地内部的相互关系，短剖面图来自于平面最窄的部分。

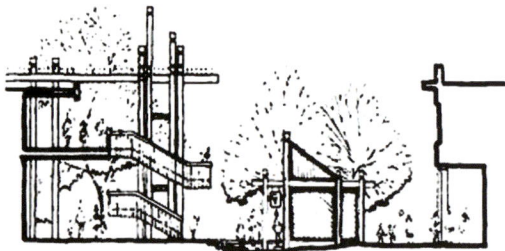

◀ 某步行街节点环境设计剖切图
该剖面图表达了场地内建筑物与景观之间的关系，以及景观环境的联系。

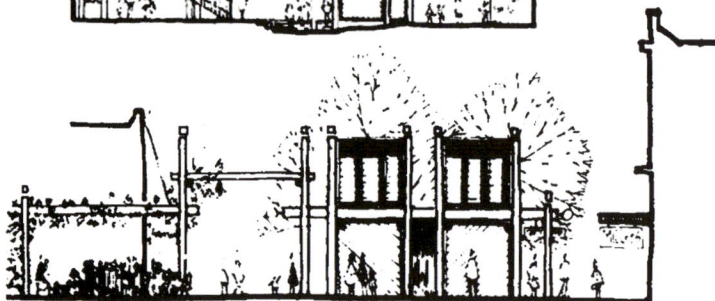

◀ 景观节点剖面图
剖面图的正确使用不仅可以反映出场地内环境的相互关系，又能表达出剖切线上的景观节点构造，便于掌握环境内景观的规划设计。

（9）剖面实体的模型　实体模型可以得到以剖面图的思想（切开）的形式制作启发，更好地理解其设计的园林建筑或空间。一个复杂方案的剖面模型能充分地说明场地周围环境或景观的关系。活动的剖面模型甚至还可以打开或关闭，展现园林建筑的内部空间。

◀ 项目：麦哲伦子午线三角洲
地点：伦敦，英国
建筑师：皮尔西·康纳建筑事务所
时间：2005 年

剖透视是剖面图与透视图的结合体。它们能揭示设计方案内部之间的联系，还有各个部分是如何共同发挥效用的。

项目：Chattock 住宅
地点：新港，威尔士
设计师：约翰·帕蒂
事务所
时间：2007 年

该图表现了方案的西立面，并提供了建筑和其景观平面的高度。图中的人像有助于了解建筑的相应尺寸，而绘画的阴影暗示了阴影来至于屋顶的突出部分。

练习题

用 A4 水彩纸绘制园林设计当中某一主要视觉界面的剖切图。

工具

马克笔、曲线板、三角板

3.1.2 "A角"与"B角"

园林设计表现应该能对设计想法进行补充和完善。很多时候，方案的表现只需要图像表现（实验性方案或设计竞赛的参与资格阶段）。同样，图像表现必须能清晰地传达设计的想法、概念与意向。要做到这些，需要在设计图包含的信息与其他所有补充性文字或为文字配的图像之间保持"主"、"次"——"A"角与"B"角的一种平衡，才能确保方案设计与园林环境设计特征能够方便有效地被解读。

1）空间主体的突显

利用紫色线框和红色线框来凸显场地的规划范围，利于设计方案的整体性规划。

利用颜色块来标示规划、设计对象，使设计图中主题的明确和规划主旨思想被快速理解。

2）人物与空间尺度

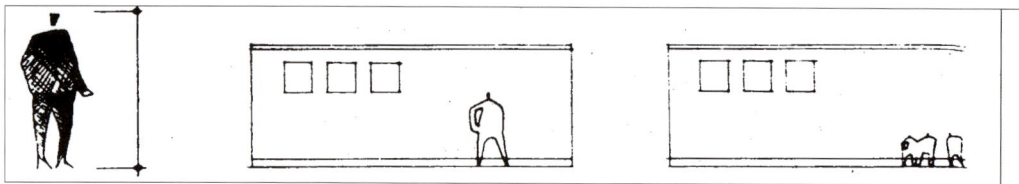

▲ 人物造成的尺度大小

▲ 人物组群与陈设

▲ 以人物来反映设计轻松的环境

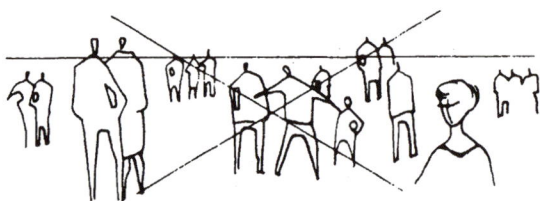

▲ 人物的故事情节会造成喧宾夺主

练习题

人物及车辆画法

1. 用钢笔、A4 纸绘制人物的不同方法的临摹。

2. 人物、植物与空间置境空间绘制，工具同上。

3. 在设计作业中配置车辆、人及人物，结合设计空间比例尺度，体验人车与建筑空间对比比例尺度关系。

　　注意人体在图上的位置。在一般情况下，透视图上的人体可以布置得更自然一些，并应注意与四周景物相衬以起到陪衬构图的目的。生动的人物从来也没有把他布置在一张图的中心线上或者在所画建筑物的轴线上，力求不重合建筑重点部位。在透视图中，人物只能作为空间构图的陪衬。

人物不能成为A角，A₁人物不能在中轴线上，以至人物成为舞台主角，A₂人物处在同一平面，削弱了建筑，B、C人物在建筑轴线上，B₁和A₃是比较合理的。 ▶

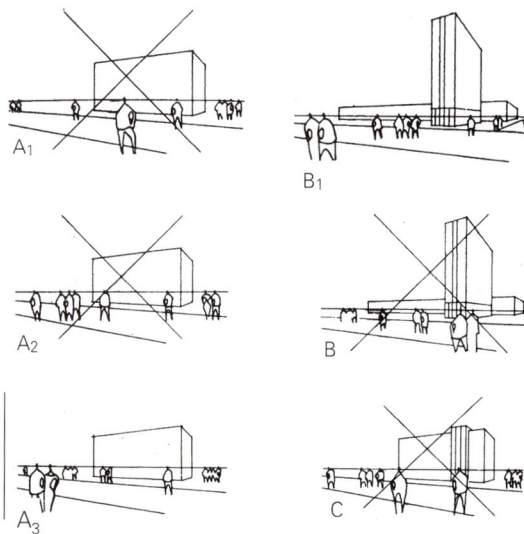

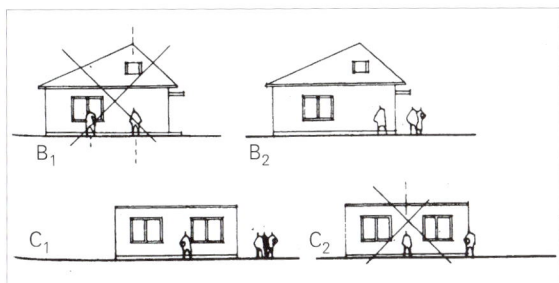

▲ B_1和C_2人物都挡在建筑轴线和窗户上，削弱了建筑的展现，其产生的情节和对比使建筑成为其背景和道具，B_2、C_1是合理的展现。

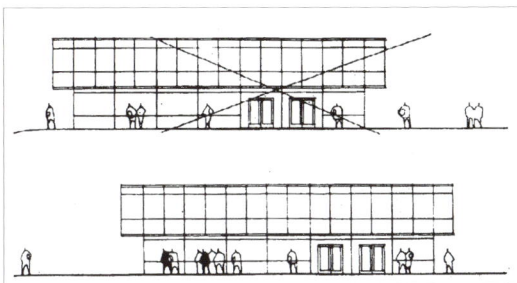

▲ 人物的组群会影响画面效果，上图人物组群间距相等，不合理

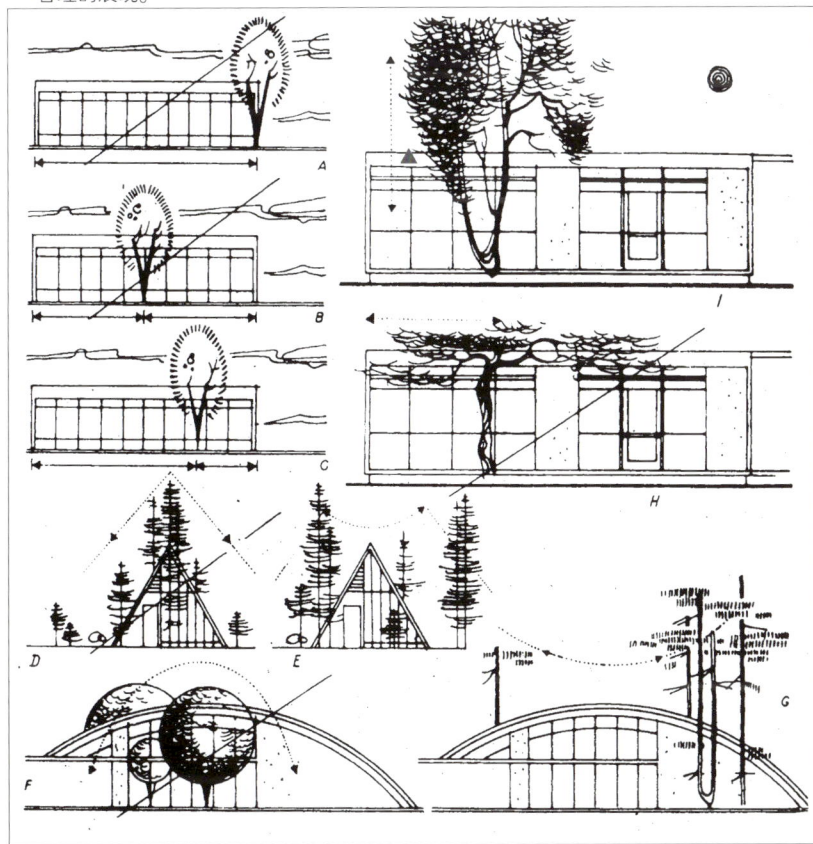

◀ 几种植物合理与不合理的配置

3）立面与环境

　　立面形成了景观的"外表"，需要与其背景或周围的环境相关联。环境是舞台，其中的景观是舞台上的重要角色——"A"角。任何设计都要与周围景象相呼应，并揭示设计方案。设计表达技法应很好地表达这样的主次关系。

箱根DIC公司职员宿舍 ▶

◀ 项目：Emsworth活动中心立面图
地点：Emsworth，英国
建筑师：洛奇·马洽特
时间：2007年

这一概念设计体现了雕塑般的景观形式。该设计思想与场地环境相呼应，并以有机外形为特征，灵感来自于大海。这一形式决定了所用材料和结构系统的选择。第一步建立外观，然后随着形式的改变和发展确定景观和环境的功能。立面设计充分完整的表达展示了场地和周围环境。

练习题

选择建筑景观立面效果图进行效果图解析，绘出立面（或剖切立面）与周围景观环境的立面图或剖切图。

工具

A4 水彩纸、水彩或水粉技法。

4）视点的选择

（1）为了表达设计的主次关系，视点位置的选择是十分重要的，它的选择直接影响到了效果图的绘制。

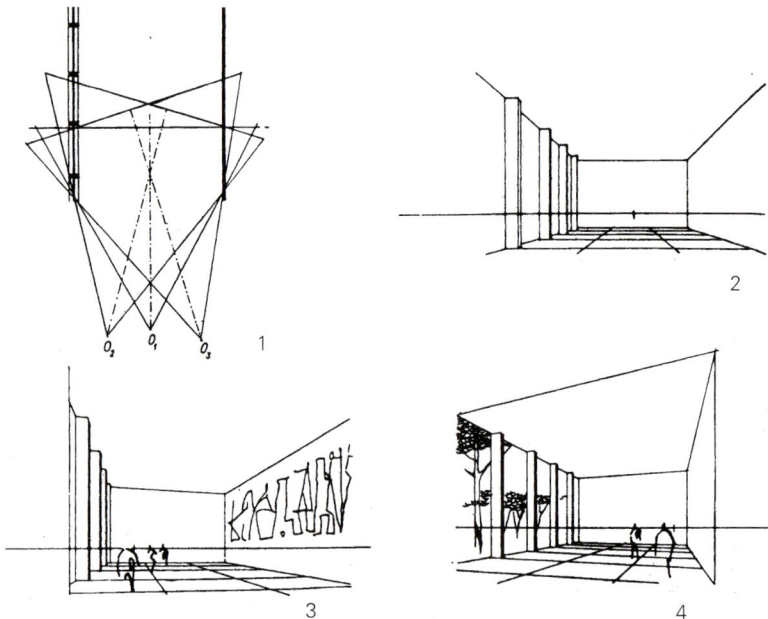

◀ 不同视点所绘的透视图为了突出某一面的设计，视点的选择是非常重要的。图1表明了3个不同的视点在平面上的位置；图2是视点在正中间看到的景象；图3是视点在O_1看到右侧面的设计；图4是视点在O_2看到左侧面的景象。

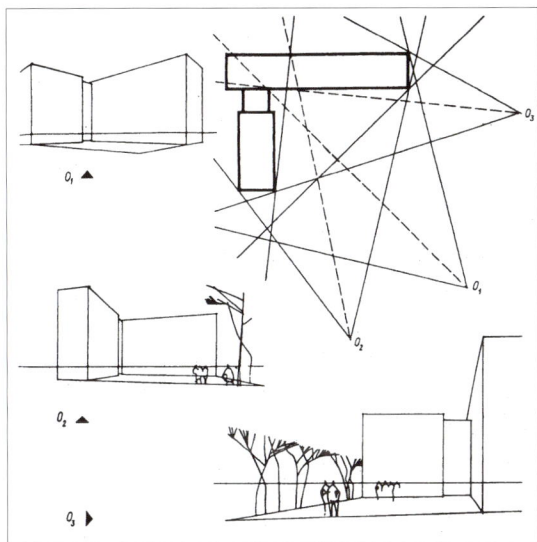

▲ 视点的选择

"L"形建筑的视点不宜选择在正中间，图中O_1选择的视点两边的建筑投影差不多，主体建筑不够壮观；O_2、O_3都是合理的视点。

▲ 视点的合理与不合理

在复杂的环境中，视点的不合理会让建筑物和景观要素重叠，突出不了效果。O_1、O_3是不合理的视点，O_2、O_4视点是合理的。

（2）景观中视点选择的思考

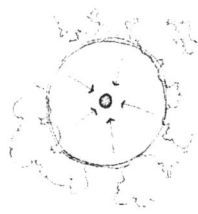

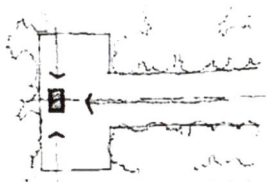

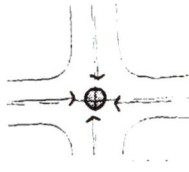

（a）空间的中心　　　（b）视线或轴线的端点　　　（c）视线或轴线的交点　　　（d）视线容易到达的地方

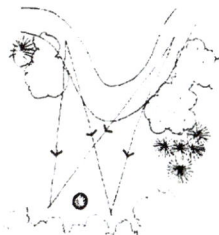

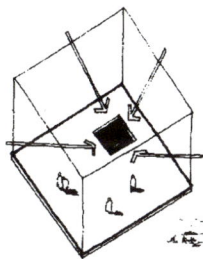

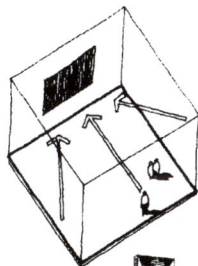

5)"主"与"次"

绘制效果图为了表达设计主体,经常会省略一些次要的因素,如材料的表现或周围的环境,这样更能突出设计"主角"的表现。

▲ 某公共环境方案(水粉)

▲ 日本某大型游戏场方案
水上活动中心鸟瞰图(水彩)

6)设计图的"语言"

"不同"的标准惯例语言系统设计图使用的是一个"不同"的标准惯例语言系统,使图中所包含的信息能够很容易被理解,有时只需要很少的文字或者不需要文字说明。

(1)基本语言

有指示性的线

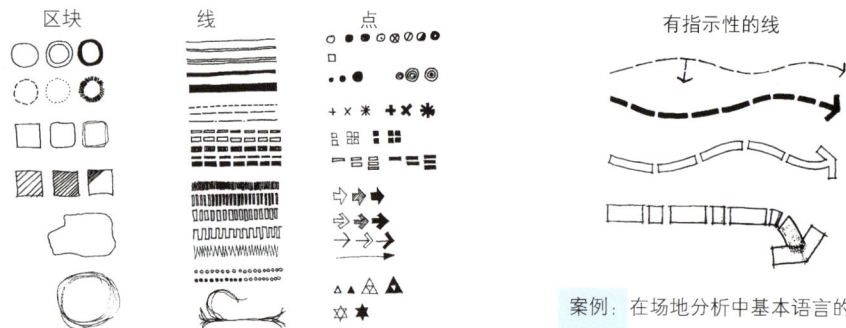

案例: 在场地分析中基本语言的组合运用

(2)基本语言的逻辑性组合

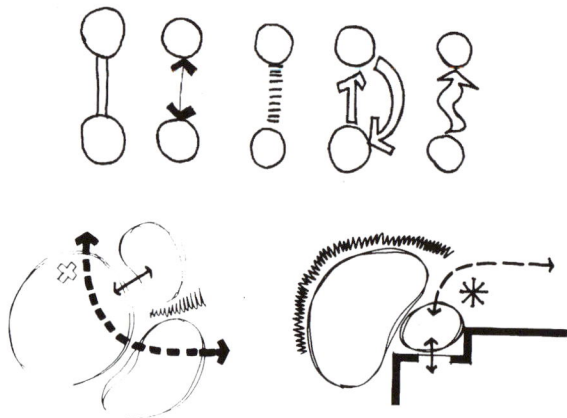

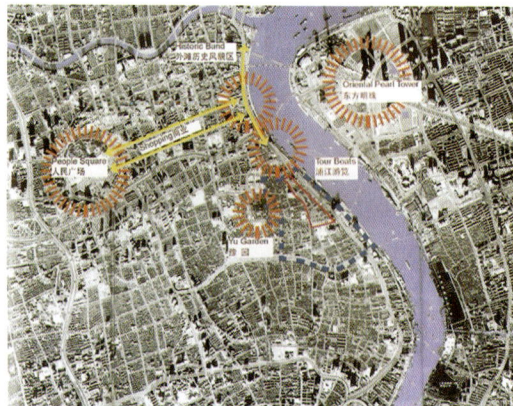

（3）从内容到形式的设计语言运用

①方法1：从内容到功能设计要求出发

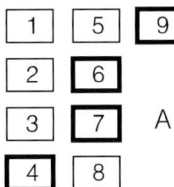

（a）将设计要求的内容布置排列出来，用粗框表示主要内容

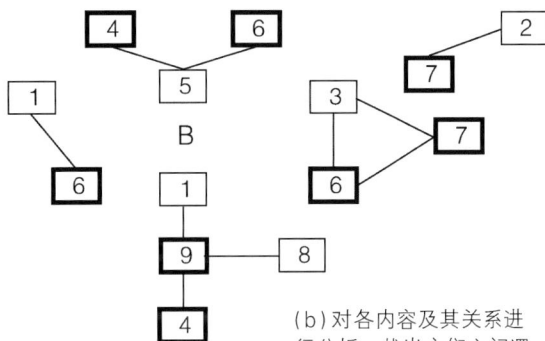

（b）对各内容及其关系进行分析，找出它们之间逻辑上的关系

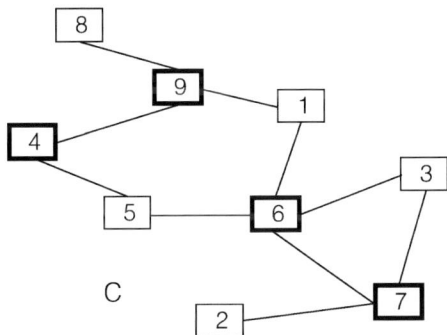

（c）综合上面的关系形成网络，它只表明各内容间的相互关系，而不是各内容明确的位置与距离关系

②方法2：从功能中的逻辑关系出发的设计

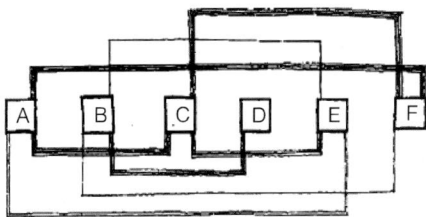

（a）各功能区用方块依次排列，关系的强弱用线条数目表示

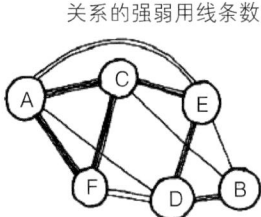

（b）将关系强的放近一些

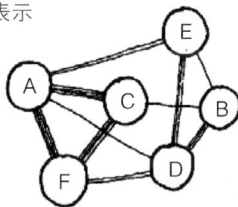

（c）排列得更清楚些

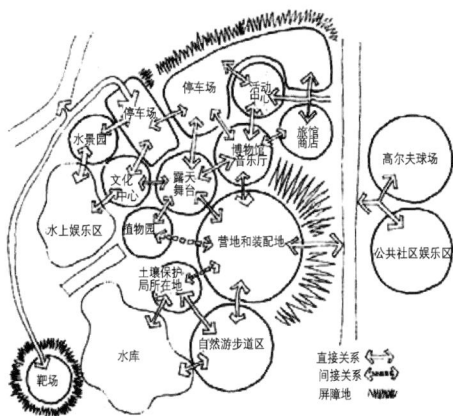

（d）案例中的运用

③方法3：从设计的理想出发的设计

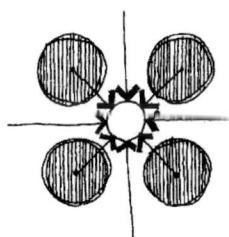

（a）抽象、理想的关系

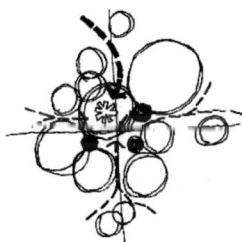

（b）解决矛盾、提出一些基本构思

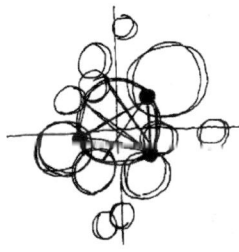

（c）考虑相对的尺寸以及主要交通

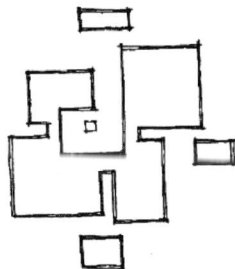

（d）平面较为肯定的方案

案例：

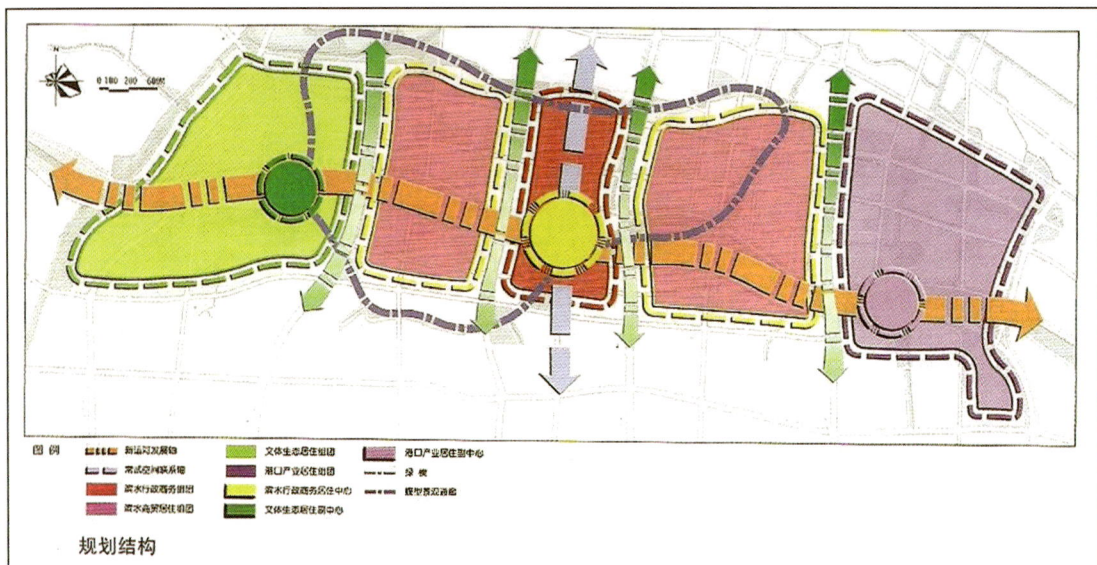

0 180 200 600M

图例　　▮▮▮▮ 新运河发展轴　　　█ 文体生态居住组团　　　█ 港口产业居住型中心
　　　　▭ 常武空间娱乐带　　　█ 港口产业居住组团　　　▬▬▬ 绿楔
　　　　█ 滨水行政商务组团　　　█ 滨水行政商务居住中心　▬▬▬ 模型景观通廊
　　　　█ 滨水商贸居住组团　　　█ 文体生态新居住中心

规划结构

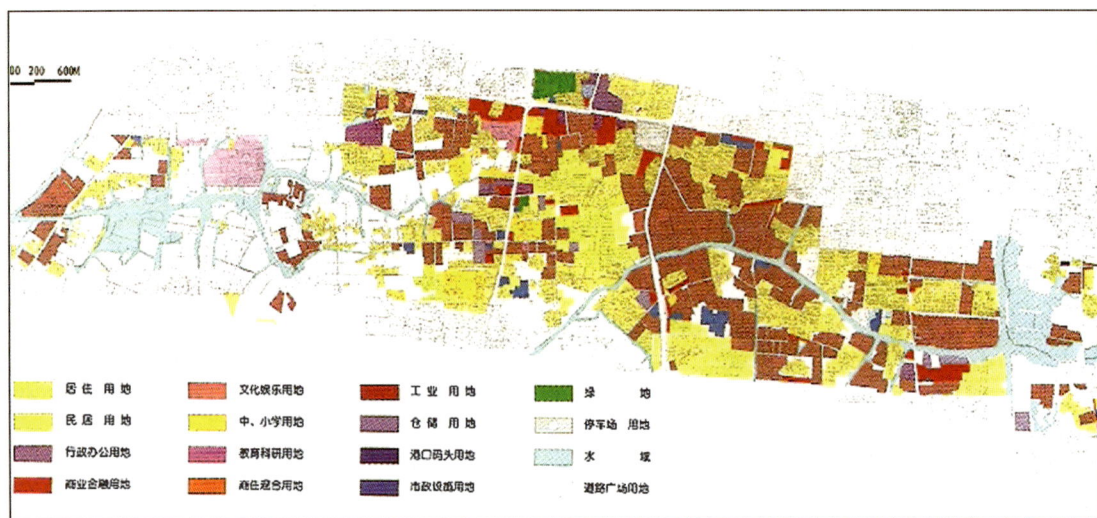

00 200 600M

图例　
　█ 居住用地　　　█ 文化娱乐用地　　　█ 工业用地　　　█ 绿　地
　█ 民居用地　　　█ 中、小学用地　　　█ 仓储用地　　　▨ 停车场用地
　█ 行政办公用地　█ 教育科研用地　　　█ 港口码头用地　█ 水　域
　█ 商业金融用地　█ 商住混合用地　　　█ 市政设施用地　　道路广场用地

▲ 常州运河改道工程用地状况分析图
　此图中能很明显看出项目的方向，也解释了平面图中展现整个规划布局与环境
协调性——如生态、环保、设计合理性等方面。

（4）线条语言在方案设计中的运用

线条宽度在绘图中的运用 ▶

在剖面图中，剖切的地方线条会粗一些。粗线易辨认，作为主要的信息，细线则是辅助信息。设计图中常规定线条越粗表达的材料越密实，或者说描绘的物体越持久。细线条在平面图中用于描绘家具和一些可变的元素，经常用来表达关于方案的附加信息。

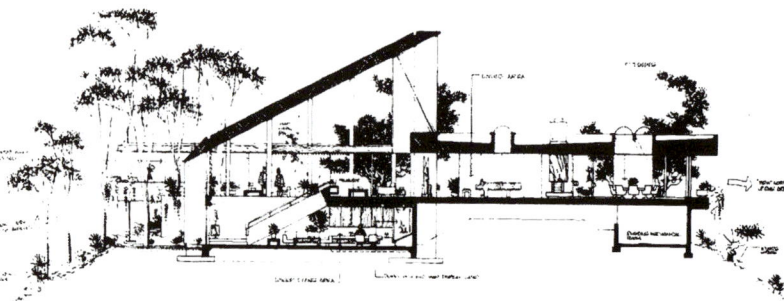

7) 材料

　　在园林设计图中材料的使用也要表现出来。材料肌理的不同可以通过线条的粗、细、虚实和阴影的变化来表现。

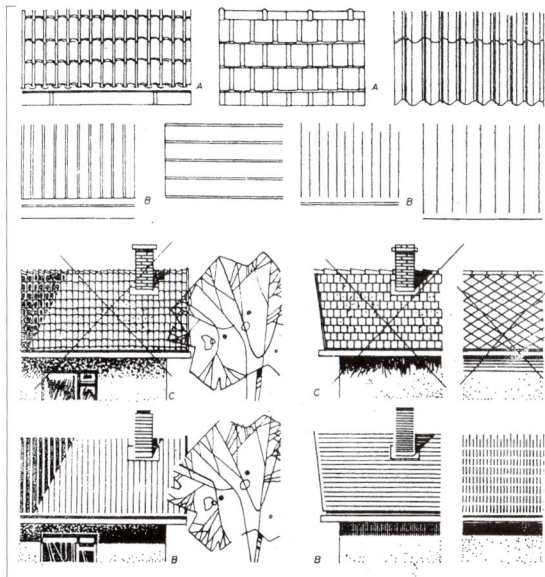

▲ 屋面材料的表达方式

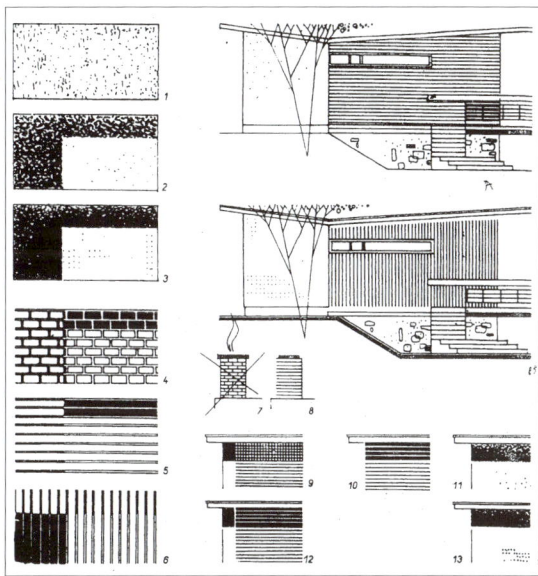

▲ 立面材料的表达方式

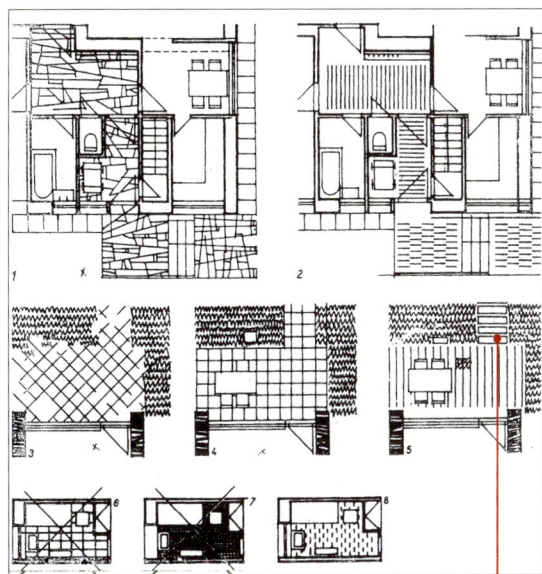

▲ 立面材料肌理的表达方式应考虑线性、
　明暗、光线、色彩及绘图语言形式的
　画面矛盾等对比、关系等问题

材料间线性的对比

材料表面明暗的表现　　　　　　光线的处理

练习题

　　用 A4 纸或速写本,选择建筑环境,观察材料运用,进行重点材料表现的写生。

工具

　　钢笔或针管笔。

8)植物

　　植物形态各异,设计制图都是根据不同的植物特征,抽象其本质,不仅形成"约定俗成"的图例来表现,要画好一张设计图,还要充分考虑以下出图的技术细节问题。

(1)植物形式的选择　　　　　　　(2)植物的落影运用

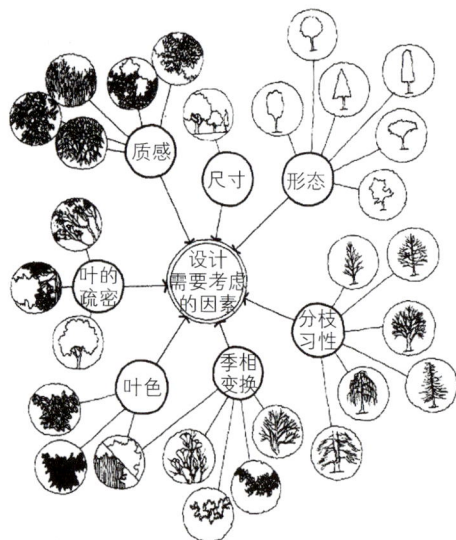

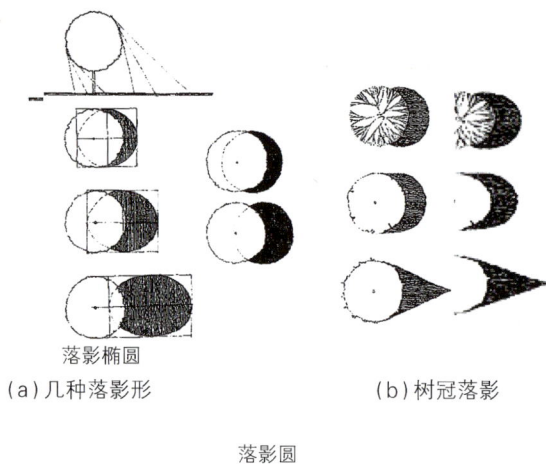

落影椭圆

(a)几种落影形　　　　　　　(b)树冠落影

落影圆

(3)树木落影的作图步骤

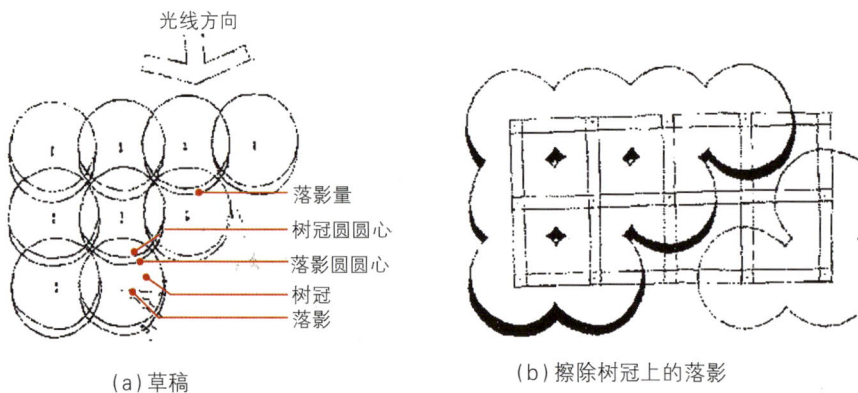

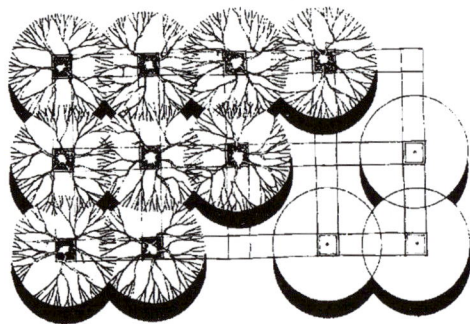

光线方向

落影量
树冠圆圆心
落影圆圆心
树冠
落影

(a)草稿　　　　　　　　　　(b)擦除树冠上的落影

(c)表现图

（4）不同地面条件的落影质感表现

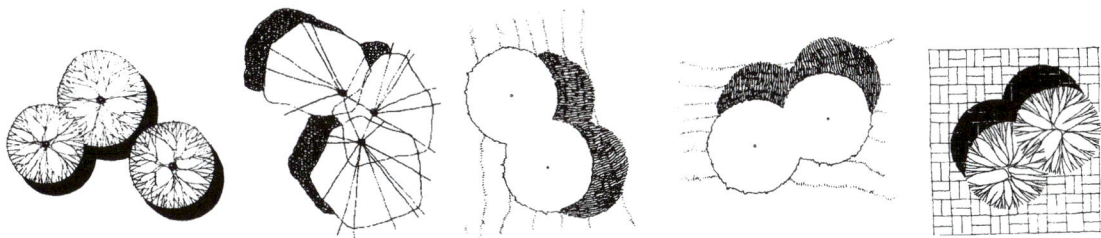

（5）树冠的避让

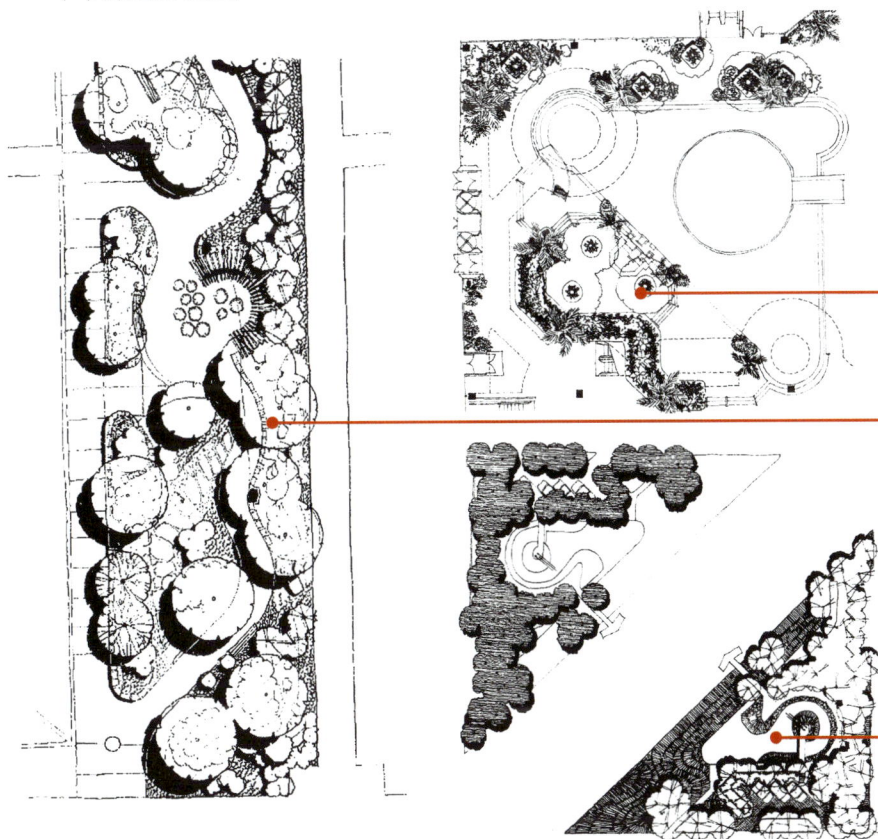

场地中树冠的避让，可以很好地表现出树冠下方景观部分，便于从整体把握方案的规划。

（6）植物布置中表现语言的对比运用

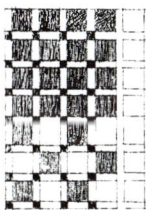

▲ 平面布置到透视效果的对比运用

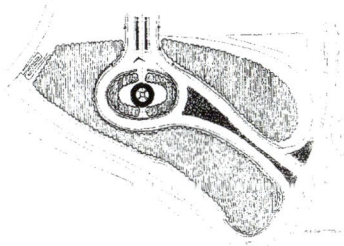

▲ 疏密和线性的对比运用

（7）植物建筑中方案素描的运用

1.圆冠阔叶大乔木
2.高冠阔叶大乔木
3.高塔形常绿乔木
4.低矮塔形常绿乔木
5.圆冠形常绿乔木
6.球类常绿灌木
7.修剪色带
8.小乔木
9.竖形灌木
10.团形灌木
11.可密植成片的灌木
12.普通花卉型地被
13.长叶型地被

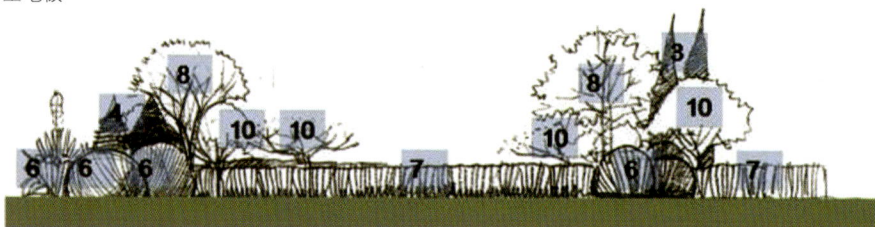

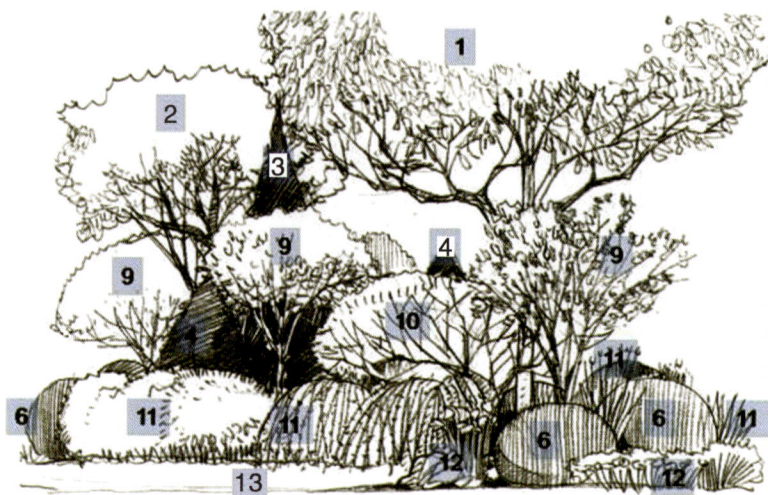

楼间私家花园外延用植物分割，分割手法为：组合修剪绿球与修剪色带共同组合成边界，
球、灌木、草花等多用于入户路口边、园与园之间的分割线等处，形成疏密有致的变化节奏。

▲ 方案素描在植物建植图中的运用，可以直观表现出设计的后期效果。

（8）植物透视与平面、立面思考方法

▲　园景的平面、立面、侧立面45°画法

▲　运用平立侧做平视鸟瞰图作图步骤

集中标注尺寸的平面 ▶

▲　完成的平视鸟瞰图

根据平面、立面完成平视鸟瞰图：

①确定基线 GL，视平线 HL，主视点 Vc、灭点 F。

②根据集中标注尺寸的平面，将平面图上的各景物的位置定位在透视网格的相对位置上。即得景物的基透视。

③在基透视的一侧作出真高线，由立面图并按照透视规律，绘制各景物的高度。

④运用表现技法加深景物。调整画面。

9）案例与图符的设计逻辑性

（1）场地内地形的绘制

（a）标高投影示意

地形与水平切面的交线形成的投影图

（b）地形标高投影水平切面思考

练习题

A4纸或速写本分别绘制植物平面图、立面图、剖面图及透视图。

工具

钢笔或针管笔。

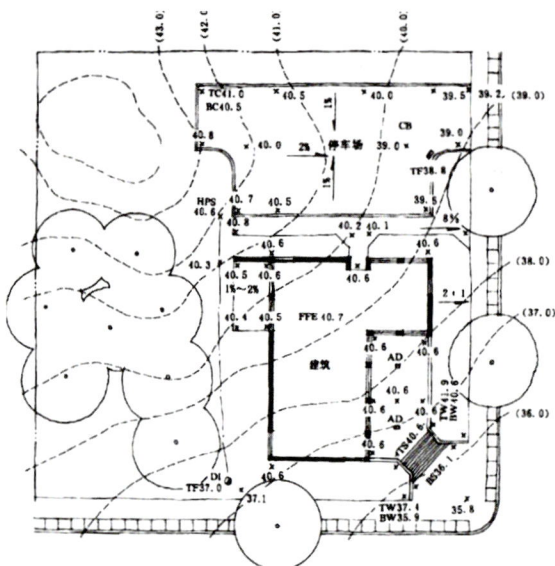

▲ 用等高线基址图作的平面规划

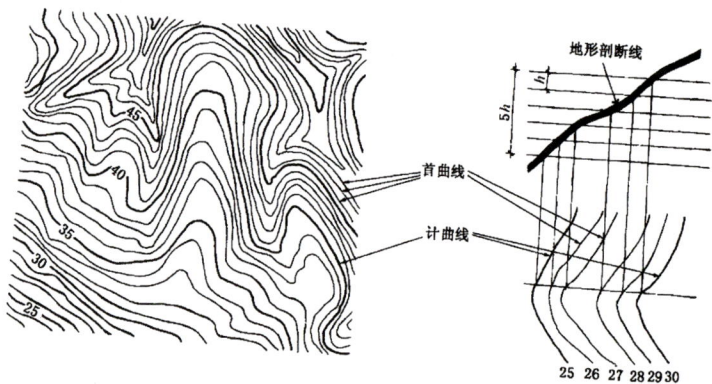

▲ 利用等高线做的局部剖面与断面的直观的绘图

知识链接：
运用映射图的方法作规划设计图

（2）设计平面图中地形坡级分析、表达方式的选择与绘制

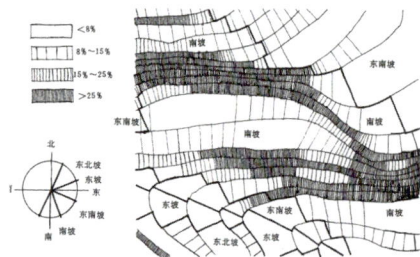

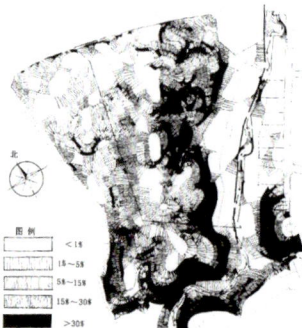

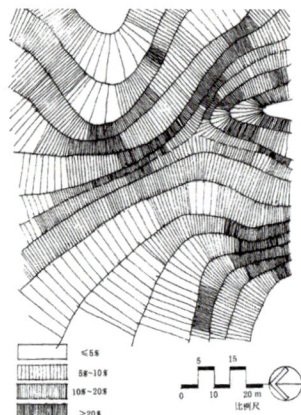

（3）平面图中植物的定位与标注的表达方式

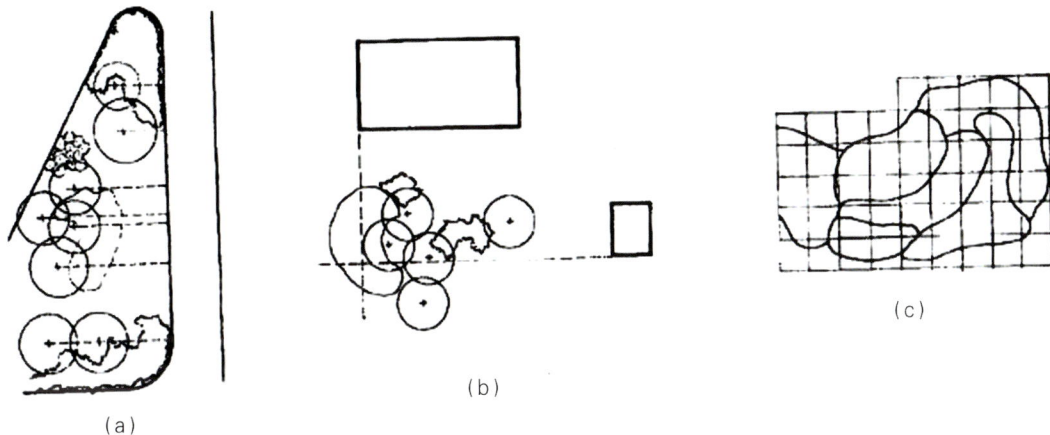

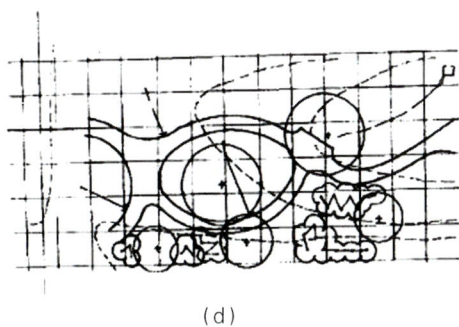

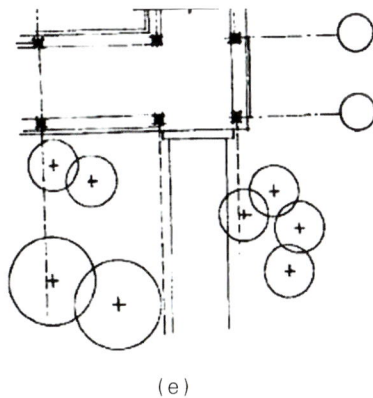

(a)

(b)

(c)

(d)

(e)

▲ 设计中的景观、植物定位的表达

→ 箭头引注

● 圆点引注

— 短线引注

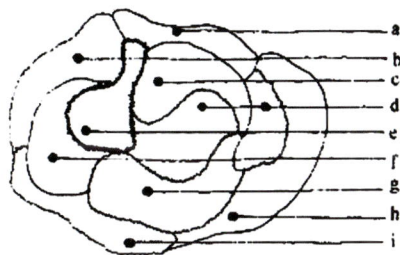

◀ 设计中的景观或植物标注方法的选择

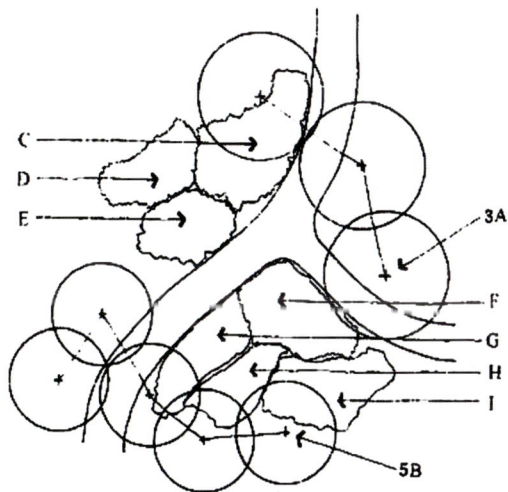

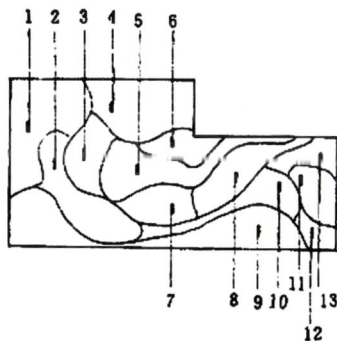

（4）设计图中标准图符的选择性表达

根据设计平面图的内容和性质，
来准确地选择标准图符的形式，
将使内容更为统一和谐。

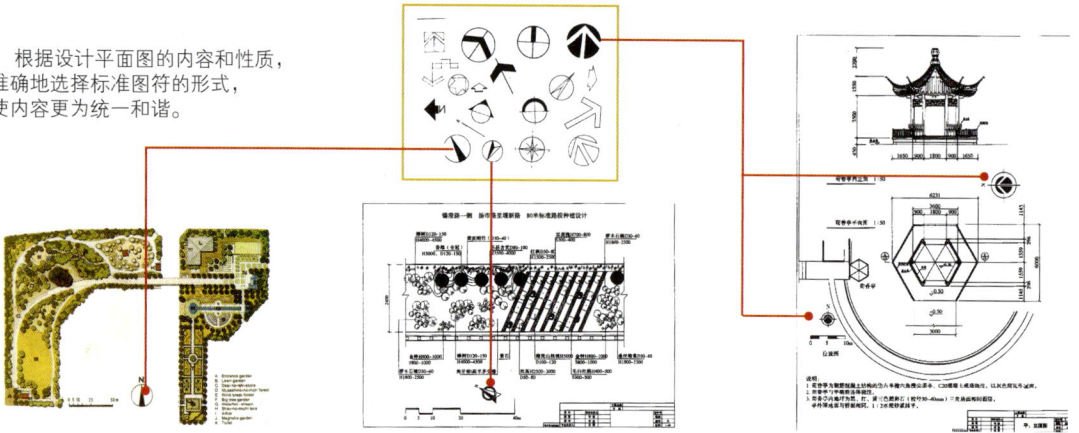

案例：

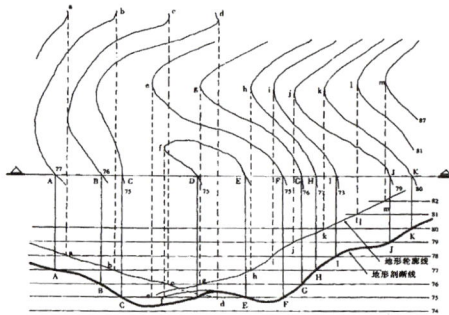

▲ 与等高线结合的竖向图绘制：①确定剖面；②完成该剖面竖向图；③进行植物配置设计。

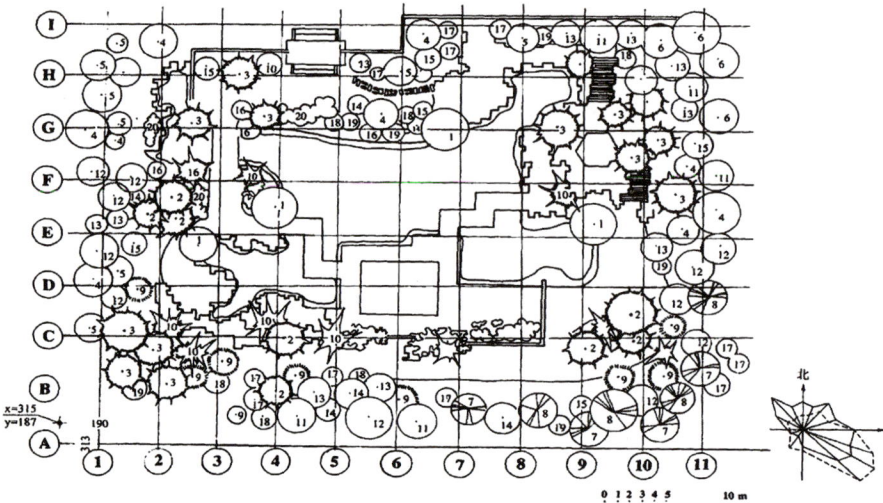

▲ 运用网格线，为植物平面布置设计施工图的绘制，植物编码（略），左下为测量点。

10）出图技法

平面的表达技法多样,要注意最佳表达出图技法的选择。

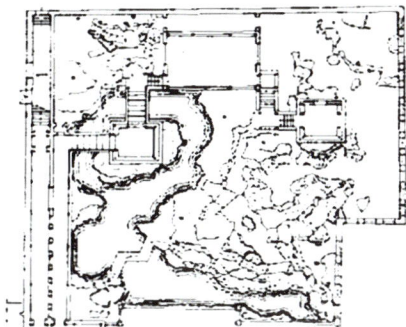
▲ 添景物法

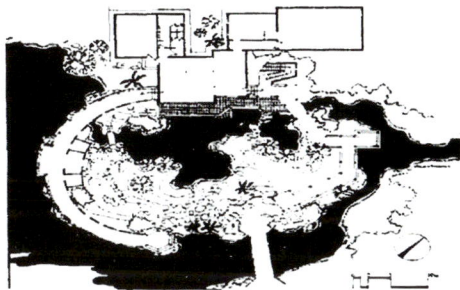
▲ 平涂法

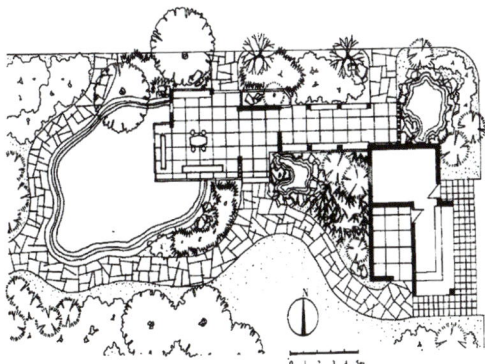
▲ 剖平面法

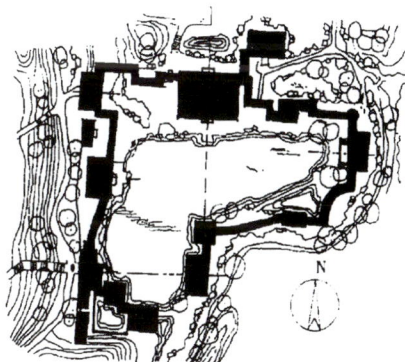
▲ 涂实法

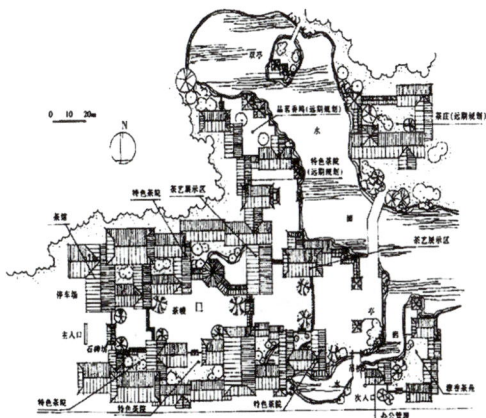
▲ 平顶法

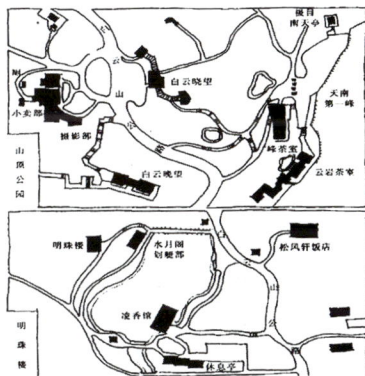
▲ 抽象轮廓法

练习题

1. 以室内外景观小品为摹本;

2. A4 纸或速写本分别绘制:添景物法、平涂法、剖平面法、涂实法、平顶法、抽象轮廓法、正等轴测法。

工具

钢笔或针管笔。

▲ 正等轴测法

11）速写

经常的速写练习对于提高感受与表现能力非常重要,其积累会使你终生受益。

练习题

选择室内一角,画一张速写。

工具

速写本、钢笔或者针管笔。

3.1.3 美的法则

1）比例

比例有着多种含义,绘画可以是按比例的、超出比例的或不按比例的,历史上已经有了一系列的比例系统,例如中国古典园林建筑运用了一个模数化的测量系统,根据建筑的规模与等级选择相应的模数。勒·柯布西耶在建筑设计上也是用与人体比例相关联的模数系统。

▲ 规划设计城市比例，多用小比例，如1：10 000、1：5 000

◀ 按比例绘制草图尼古拉·克劳逊

知识链接

模数系统：模数是选定的尺寸单位，作为尺寸标准的增值单位。环境工程设计中选定标准尺寸单位，是园林建筑设计、施工、材料与构造、设备、组合件等进行尺度协调增值发展的基础。

▲ 室内外设计常用比例1：100、1：200、1：500

▲ 细部设计常用比例1：5、1：10、1：20、1：50

练习题

1. A4 纸上画满 10 mm 的方块组成的网格。

2. 选择一个静物，它也许是一个水杯、一个笔袋，或者任何不超过你所绘纸张大小三分之一的东西。

3. 记录物体的尺寸。在网格里画出物体 1：1 的平面图、立面图和剖面图。

4. 画出物体 1：2 的平面图、剖面图和立面图。

5. 按 1：20 的比例画出物体的平面图、剖面图和立面图。网格里的每个方块容纳的是 200 mm。需要画出更多物体周围的信息。包括桌子、房间和周围的其他任何细节。

6. 在新的 A4 纸上画出由 10 mm 的方块组成的网格。

7. 按 1：200 的比例画出物体的平面图和立面图。每个方块相当于 2 000 mm，于是图中将更多地突出物体的细节方面、桌子和周围的空间。

2）细部图的比例绘制

细部的比例绘制图让人们对空间或者建筑有了更深层的了解,对进一步的研究很有帮助。它是方案设计图纸,是指导实践的系统"蓝图"。细部图表现了设计想法的微妙之处,并阐释了材料结合的过程,与设计概念产生着共鸣。在环境设计里,有些细部是共有的,它们普遍适用于标准的建造技术与材料中;还有一些特殊设计的细部是需要对它们进行特殊设计和定制的以符合特定条件。

这些图的比例经常有1∶2(真实尺寸的一半)、1∶5(真实尺寸的五分之一)或1∶10(真实尺寸的十分之一)。当绘制细部图时,需要考虑每个细部与整体之间的联系,体现了整体方案的概念。细部的设计方式要求要与景观平面、立面和剖面设计在思想上持同样的严谨度。

某景观建筑细部设计图 ▶

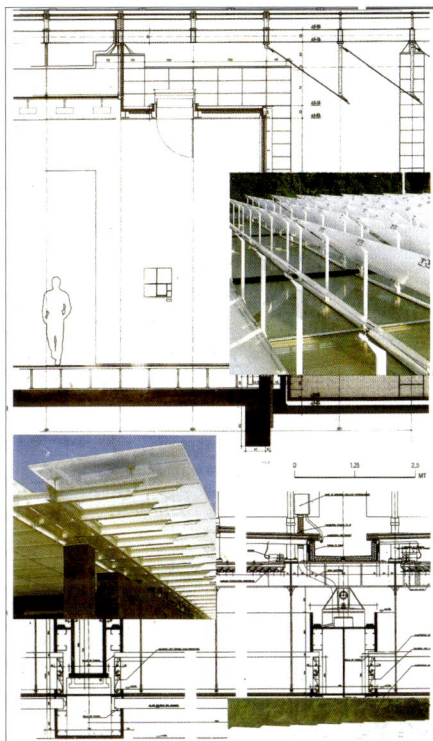

◀ 此图展示了景观设计中细部的设计方式与整个景观设计思想上保持的一致性与严谨性。

3）研究测量和比例练习

第一步先测量,并按真实尺寸画出物体,更好地了解当按一系列不同的比例绘制这些物体时,它们的尺寸是怎样替换的。可以使用以下比例:

1∶2(真实尺寸的一半)、1∶20(真实尺寸的1/20)、1∶200(真实尺寸的1/200),注意这些比例中的每一个按10倍递增。

按比例绘制草图,有助于更好地理解比例的练习是按真实的比例,然后再按不同的比例画这个物体。在每个阶段,先描绘的物体将越来越小,而它周围的更多空间将相继显现出来。这一练习表达了按不同比例绘制物体所出现的特征。

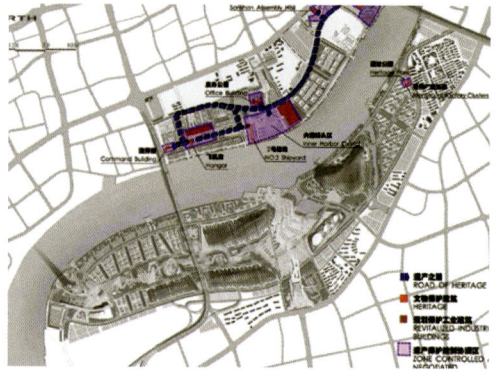

▲ 2010上海世博园区规划
把设计重点突出，周边环境作为图底。通过不同的色块与线条来分析规划，整个设计一目了然。

◀ 建筑场地分析　弗兰克·盖里
通过卫星地图确定项目位置及周边环境，并运用图底映射来分析项目，从而为设计提供参考。

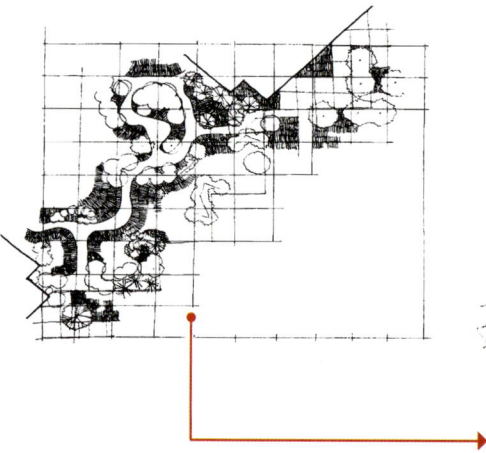

◀ 平面图运用网格，转换到它所对应的立体透视图的方法，比例和尺寸的把握必须到位。

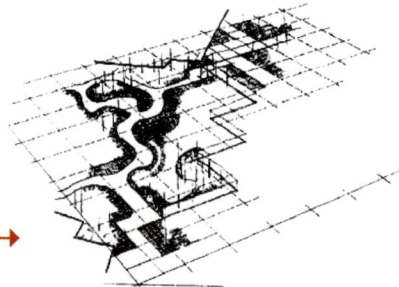

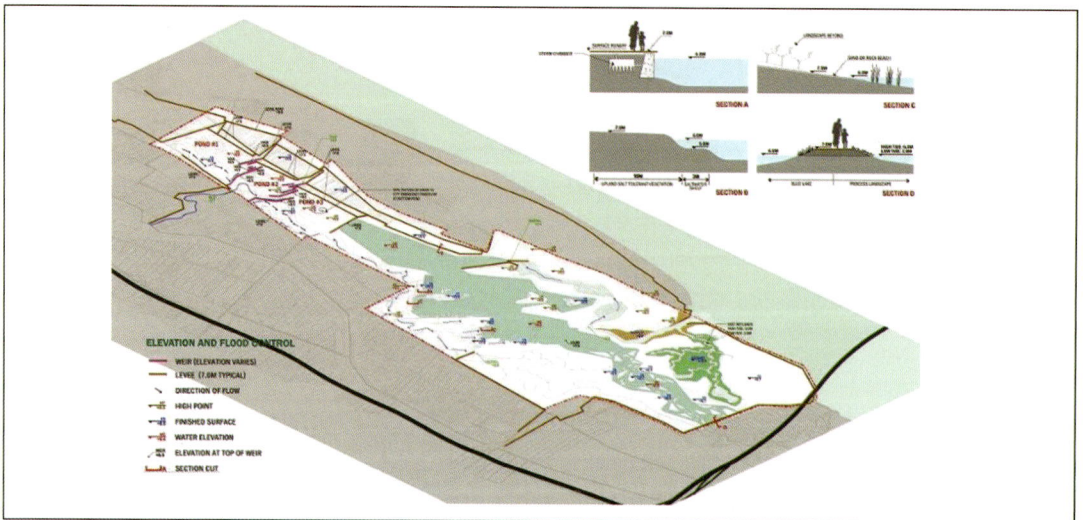

▲ 场地的实时勘测数据的平面与局部竖向图设计的结合，反映了设计的直接依据。

3.1.4 风格与选择

设计表现图可以通过不同技法将专业的方法巧妙地应用，以使图像表现的风格与园林设计的风格相呼应。

设计语言使得设计图产生许多种表现的可能性。设计语言运用至关重要，基于对方案设计的深入了解，设计师选择怎样使用语汇媒介、表现形式和版式。为了使客户有足够的信心来将方案实现，设计师的设计表达肩负着"重要使命"！

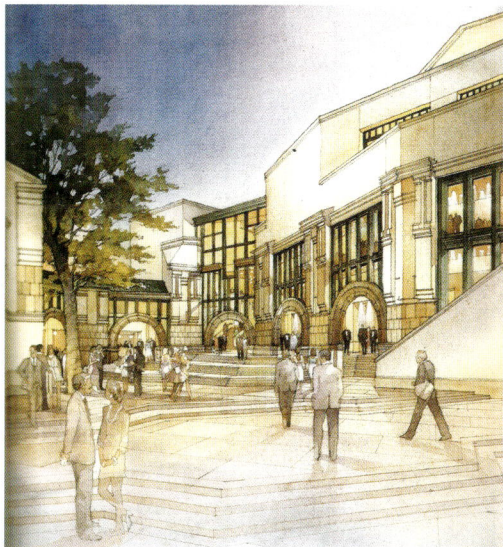

▲ 为了表达建筑古典主义的设计风格，设计师用淡淡的熟褐和土黄水彩描绘出怀旧的空间。

▲ 这种朴实的彩铅画面效果正好保持了与别墅自然田园风格设计的一致性。

设计表现深受设计内容风格等内在的、思想的、本质的等要素制约影响。设计者的绘图风格必须与此相适应——表现风格需要与设计内在精神和文化有关联。

▲ 住宅亲近宜人的设计风格，通过亮丽的水粉技法和前景中小孩们玩耍的场景，将景象描绘得淋漓尽致。

3.1.5　激活"语言"活力——空间序列

在空间表达中常用二维图片表现三维的空间与场所,例如假立体和色彩的运用能让二维图片变得更丰富,表达更明确。

▲ 运用计算机语言的设计效果真实可信。

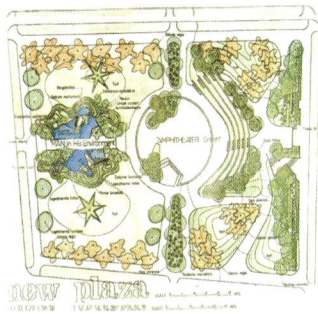

▲ 设计运用稚拙的线条具有童真般的可爱。

▲ 利用阴影衬托的效果,结实而醒目,有版画般的设计自信。

▲ 奥德特——基太罗花园平面设计:布雷·马克斯
现代绘画也影响着设计表现的传达,这张平面图就受"印象派"的启发如何在平面立面图中运用丰富的色彩,需要大家以此为基础,进一步揣摩。

▲ 花园平面设计:贝得·贝伦斯
将形体的材质肌理和光影通过色彩表现出来。

▲ 英国MichealHackett
由于有光线的存在,使我们才能看到客观事物。在光的照射下,物体由于形状不同,会表现出不同的明暗色调。这种明暗变化与形体一致的关系,使平面的图也会有立体的感觉。

练习题

找一个设计案例为载体,运用计算机进行新的语言效果尝试,尽可能选用新的设计软件与插件,利用色彩、线框、构成进行平面上三维图形的设计表达与尝试。要求:A3相纸出图。

3.1.6 创造"眼前一亮"的"新意"

在跨学科的大背景下,设计表达能从相关的艺术类学科中学到许多渲染与表现的技法。

设计表现图能机械直接地表现提议方案,能激发各种期望。设计师需要同时具备工程师与艺术家的眼光,使客户相信一个充满可能的设计。

蒙太奇图像

这是最简便的方法之一,它是通过剪切、粘贴与分层的方法处理、组合一些照片得到新的图片。在环境规划中,图像蒙太奇的技术是将已存景象的图片叠加在方案设计图像上的。

▲ 项目:学生宿舍方案
地点:鹿特丹,荷兰
设计师:杰瑞米·戴维斯
时间:2007年
将方案的实体模型与场地的数码照片叠层处理,完成最终设计方案有着与众不同的效果。

练习题

将一个方案设计的效果图和信号片运用拼贴和蒙太奇的手法放在一张图片上,你会发现不一样的效果!

▲ 上海浦东国际金融大厦
方案的鸟瞰与立面的天际线在同一张图中蒙太奇般重叠排列,衣达清晰,让人眼前一亮。

3.2　面向大众——设计图解词汇

设计所面对的环境设计对象十分庞杂,标准"语言"往往是设计表达的"通用"语句,也就是设计"通用"媒介,面对受众就是"大众语言"。

3.2.1　"逻辑"

在设计分析中,图与图之间的逻辑关系常能说明很多问题,而不需要过多的语言。

拉维莱特公园

本案例中,在运用常用语言的同时,加入构成的语汇,让设计表达清晰地直接指向内容。

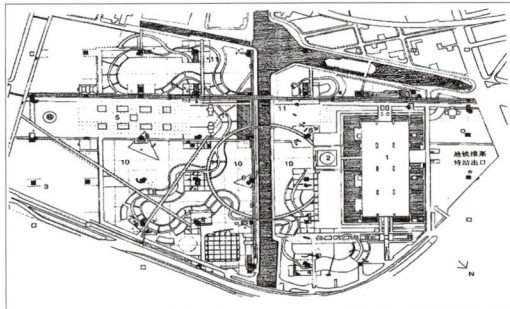

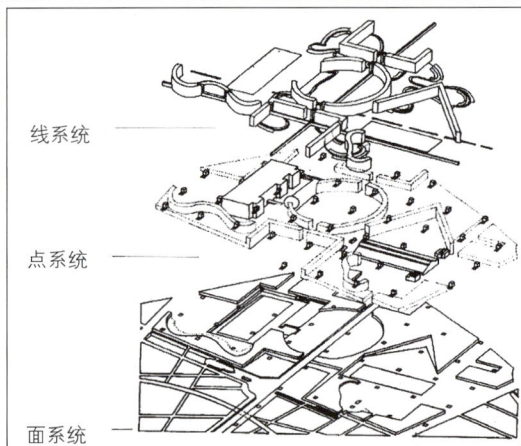

线系统

点系统

面系统

▲ 公园的平面规划设计利用点、线、面构成语言,运用逻辑性拆分叠加的表达方法,充分表现了设计概念。

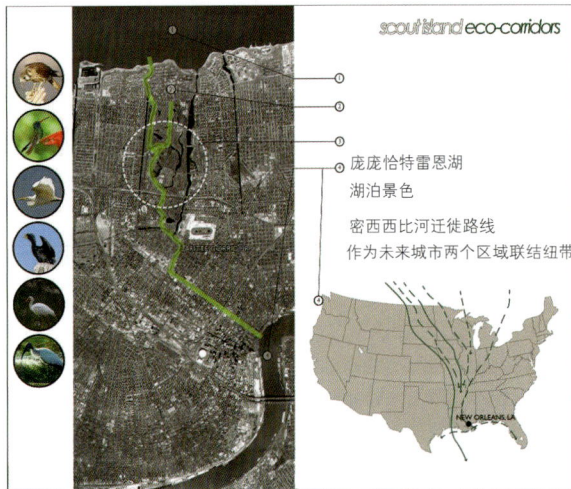

scout island eco-corridors

庞庞恰特雷恩湖

湖泊景色

密西西比河迁徙路线

作为未来城市两个区域联结纽带

NEW ORLEANS,LA

▲ 映射图的运用

利用映射图来做环境规划设计,此图逻辑性表达充分,色彩运用使重点突出,画面也有赏心悦目的平面设计优秀之感。

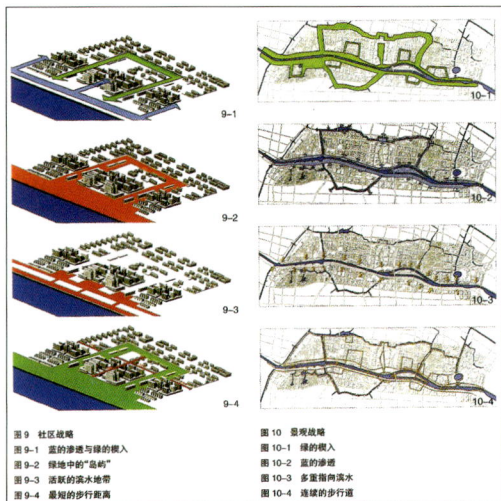

图 9　社区战略
图 9-1　蓝的渗透与绿的楔入
图 9-2　绿丛中的"岛屿"
图 9-3　活跃的滨水地带
图 9-4　最短的步行距离

图 10　景观战略
图 10-1　绿的楔入
图 10-2　蓝的渗透
图 10-3　多重指向流水
图 10-4　连续的步行道

▲ 设计分析的逻辑关系　常州运河改造

同样的基地用不同的颜色和图形来表达设计的分析图,并把不同的分析图竖向加以叠加,它们之间的逻辑关系明确让整个设计分析一目了然。

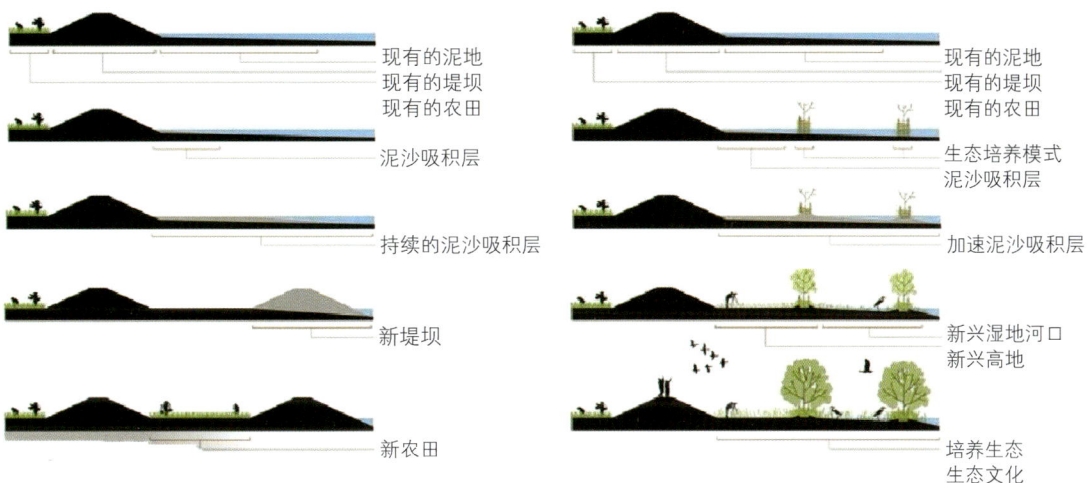

现有的泥地
现有的堤坝
现有的农田

泥沙吸积层

持续的泥沙吸积层

新堤坝

新农田

现有的泥地
现有的堤坝
现有的农田

生态培养模式
泥沙吸积层

加速泥沙吸积层

新兴湿地河口
新兴高地

培养生态
生态文化

▲ 本案例用了最简洁的图形语言，表达出深刻的设计意图，并且图与图之间有着严谨、明确的逻辑关系。

3.2.2 关 系

　　主要有侧重于规划层面的表达——环境、场地规划；侧重于具体环境工程（室内、室外）的设计渲染表达。

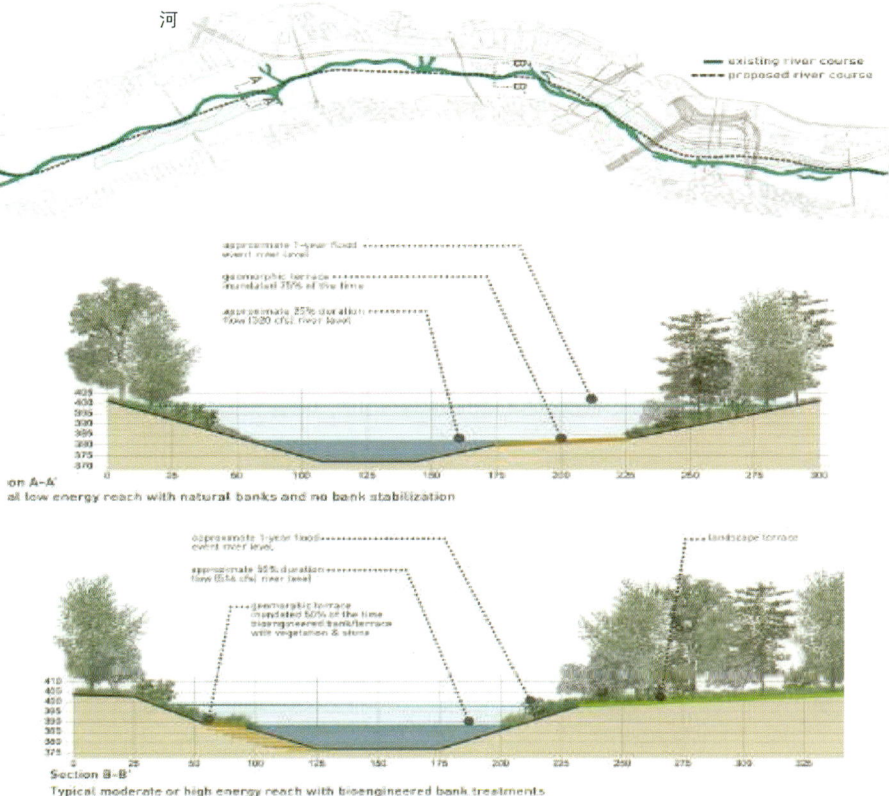

▲ 规划图结合剖面图的表达

SCAFFOLD SYSTEM AT CAFE

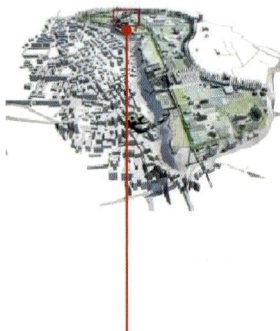

TERRACED PARK AT VISITOR'S CENTER

准确明晰地运用表达技法来表现场地某一位置内景观规划的设计预想。方法是将其设计效果图（淡彩）与整体区域规划图（鸟瞰图)并置，准确表达出规划的具体位置的实质性内容与效果。

项目在整个地方区域中标示出位置，可以直观地看出设计效果在整体规划中的具体区域。

3.2.3 修　饰

修饰是指在设计整体表达的节奏控制、主次渲染调整等。

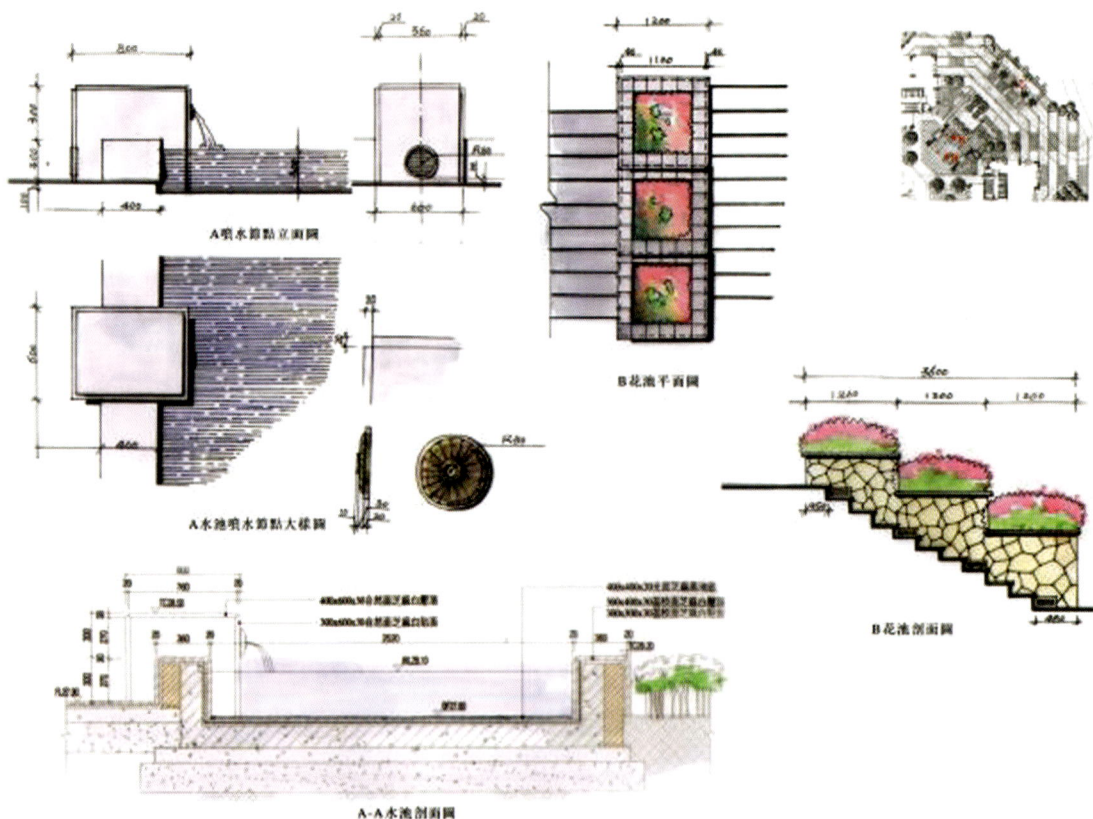

A喷水节点立面图

B花池平面图

A水池喷水节点大样图

B花池剖面图

A-A水池剖面图

▲入口局部设计
平、立、剖和详图之间的关系明确，总图上红点的位置关系相呼应，十分明确，尤其色彩的运用，修饰得十分到位。

某酒店标准间设计
房间的总平面、各个立面和效果图的关系通过图示，很清楚地说明了要表达的设计内容。

修饰在设计表达中的运用
为了突出建筑的形式感，整个渲染都围绕着主体，背景的宽笔触也是向上的，前景的环境也随着建筑依次展开。

3.3 设计表现的起点——画面优化分析

3.3.1 方 法

画面优化，围绕设计方向与目标；能量与活力；特征与基调；创造与清新展开。

1）提炼法

删去图中与设计主体、设计结构或关键结构无关的一切元素，以突出设计表达的主体。

2）简化法

用较少的符号或色标概括归纳较为繁复的内容，使设计语言"装饰化"、赏心悦目，易于被人们接受。如图中能用符号、色标，绝不用文字。

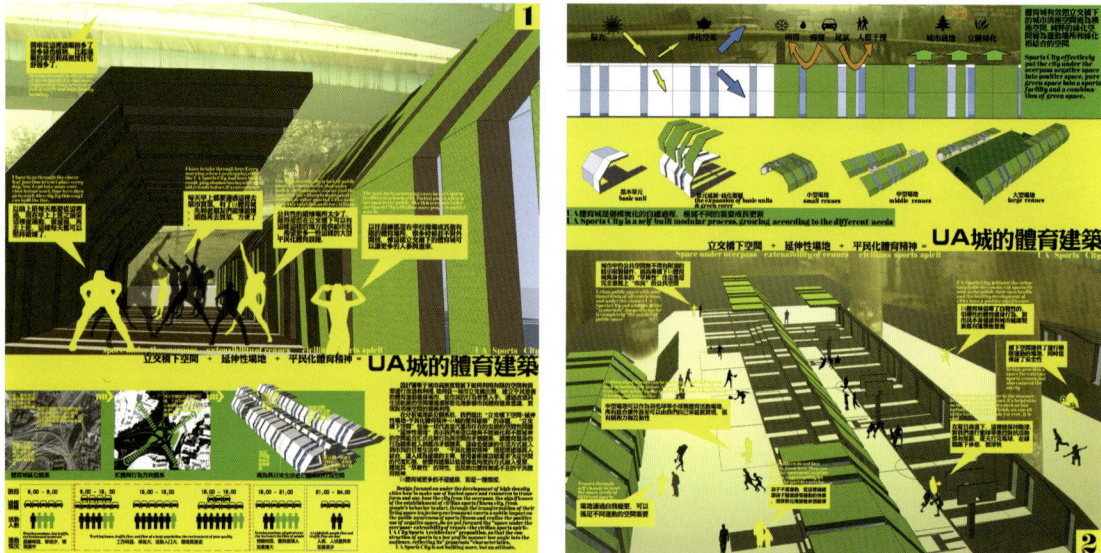

▲

项目：UA城的体育建筑设施设计
设计：祝乐
获2008年UA国际建筑设计竞赛优秀奖
设计：祝乐
此设计方案采用提炼法，以景观建筑的单体模块设计形式为契入点，变化与发展，省略了一些影响效果的外环境，提炼突出整个设计重点。整个渲染画面经过精心提炼删减，达到清晰地说明模块的设计意念与组合景观化的功能，达成足以"感染"人的环境景观设计画面效果。

项目：西安长安区艺术家村概念设计
设计：冯琳　李丹笛　谭明洋　胡璟
利用在映射图的基础上，运用简化法做出的设计表达，简化周围元素，突显设计建筑群与河流的关系。

3）精选法

强化设计图中的某一部分，可在设计图体系中引起特别关注。

三—花径生态类型

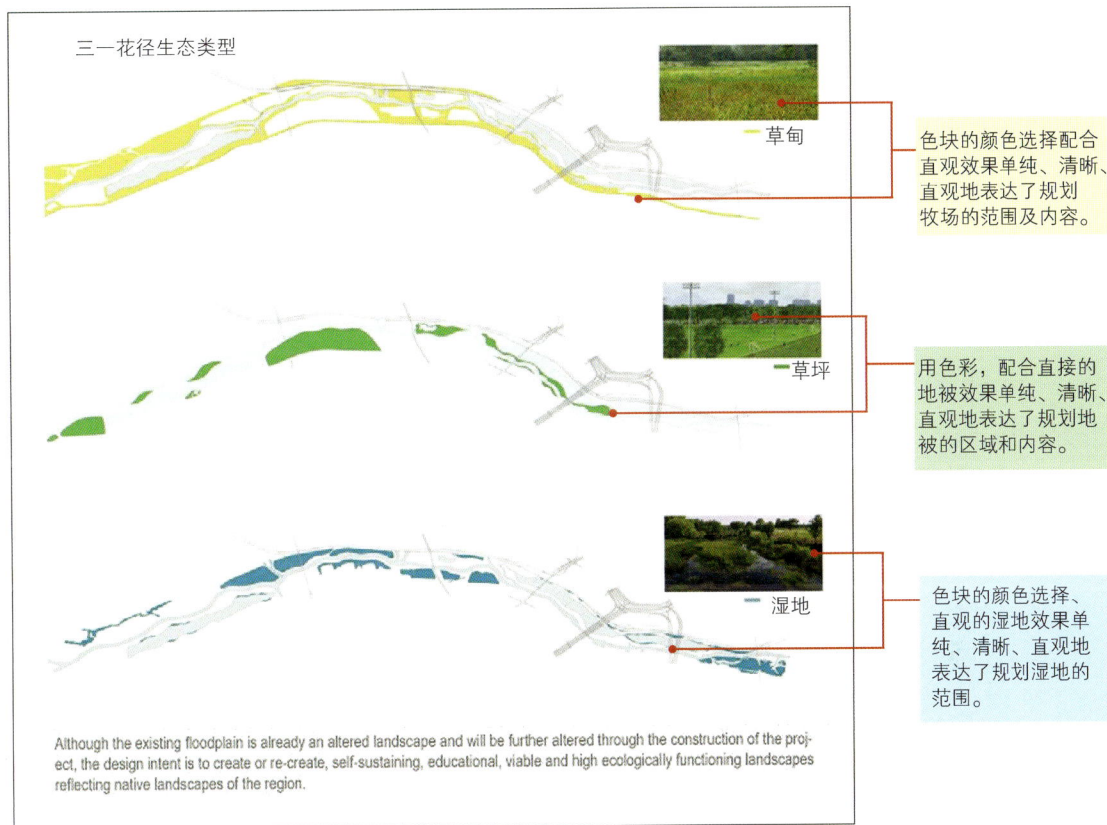

草甸

色块的颜色选择配合直观效果单纯、清晰、直观地表达了规划牧场的范围及内容。

草坪

用色彩，配合直接的地被效果单纯、清晰、直观地表达了规划地被的区域和内容。

湿地

色块的颜色选择、直观的湿地效果单纯、清晰、直观地表达了规划湿地的范围。

Although the existing floodplain is already an altered landscape and will be further altered through the construction of the project, the design intent is to create or re-create, self-sustaining, educational, viable and high ecologically functioning landscapes reflecting native landscapes of the region.

▲ 本案例中利用精选简化后的规划图，用不同的色块来标示出规划区域，使设计意图更为简洁准确地传达出。

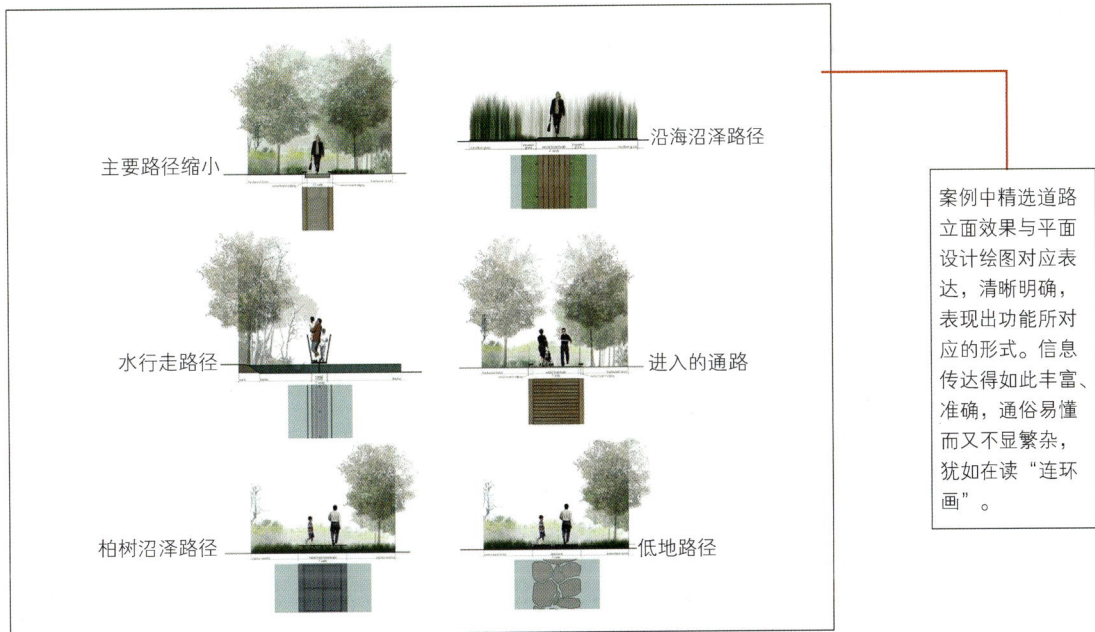

主要路径缩小

沿海沼泽路径

水行走路径

进入的通路

柏树沼泽路径

低地路径

案例中精选道路立面效果与平面设计绘图对应表达，清晰明确，表现出功能所对应的形式。信息传达得如此丰富、准确，通俗易懂而又不显繁杂，犹如在读"连环画"。

▲ 本例将设计中针对性的精选单独列出，作出更为细致、具体、人性化、有文学意味、合理阐述的设计表达。

4）比较法

以同样的设计图解语言并置或重叠使表达更易于对比。下面三幅为钢笔线稿和两张经过不同的点、线来突出建筑的阴影的头饰关系。3 张设计图比较,选择最好的效果。

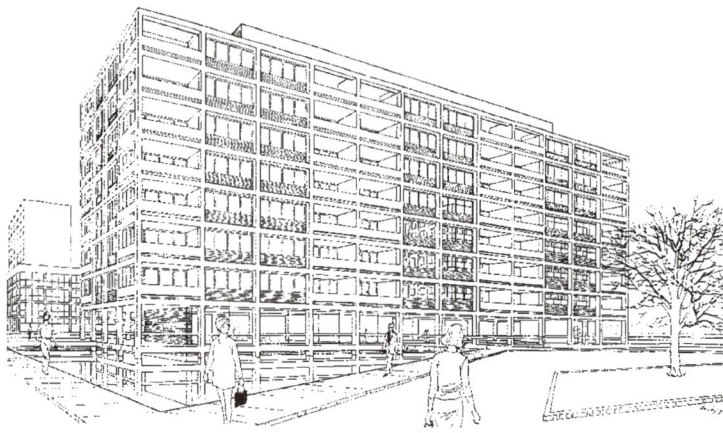

◀ 此图是一张单纯的钢笔线稿。

◀ 这张钢笔画通过疏密不同的点,经过排列来刻画光影变化和玻璃的质感。相比较,比上图更有层次感。

◀ 以横、竖、斜线的组合来表达阴影光感的透视关系。效果比上两图建筑体量较强,显得丰富和生动。

项目：Wansey街社会住房
地点：伦敦，英国
建筑师：dRMM
时间：2005年

此透视图为了强化表现建筑庭院空间的关系，主要用色彩向人们展示了方案的立面效果和建筑空间是怎样与庭院设计相结合的。

3.3.2　表现形式的细节变化与归纳

1）细节变化——引人入胜

　　虽然透视图经常用来描绘空间的真实印象，但是透视图并非是所表现项目的实际效果与尺寸。设计出图是透视图必须经过调整与处理，来决定透视图上应该显示的内容。

　　重点要表达什么，有时候细节就是所要表达的重点，细节的细致刻画往往能让一张平庸的效果图出现闪光点，以吸引观者。

地面铺装与建筑外立面设计
此图用细节较好地表现了地面铺装与反射玻璃和镜面金属的对比质感，地面铺装的设计突出了建筑入口材质，光洁、色彩亮丽而清新。画法上强调映射在材质上色调上的反差，突出地面铺装材质的合理性。

2）归纳——走出繁复与纠结

设计所运用的表达技法路径很多，所绘三维二维设计图纸也很多。面对繁复的图纸，使繁为简，避免重复，图纸系统的归纳思考与合并是非常必要的。如三维设计图纸设计空间重点难点的表达，二维图纸的平面、立面、侧立面、剖面与详图的合并，如同一个立面、侧立面图同时有可能表达剖面；编图中充分做好图纸的内容分项，养成避免繁复的好习惯。一套好的设计图纸，一定是语言清晰、精炼、逻辑系统完整的！

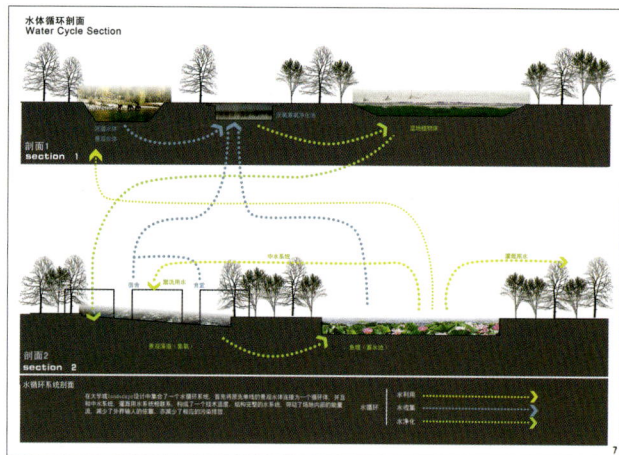

▲ 该案例利用场地剖面作的生态系统的归纳与环境分析图示，表达方式简明扼要。

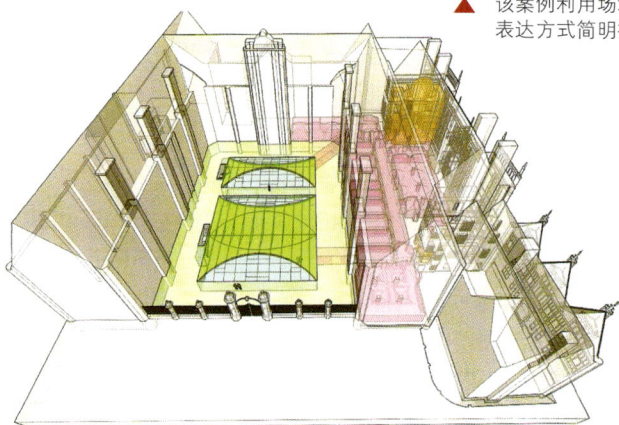

练习题

选择一张立面图进行立面和剖切的设计绘图，看看你发现了什么？

▲ 这张用CAD建模完成的透视图完整地表现了4个立面和庭院的布置，很好地归纳了设计语言，使设计图具有举一反三的表现。

▲ 剖切透视图反映了整个建筑的立面和二、三层的海底世界内部，出图体现了设计师"独具匠心"的归纳。

3）图纸的扩初

一个环境工程设计在效果设计的大前提下，还要进行图纸效果的深入设计和施工设计，称为图纸的扩初。图纸扩初仍然要清晰地能够反映设计思想和设计内容，并且要具有实践性，标准规范的设计语言的运用与完整系统的表达是其重点。效果表达往往是与多种设计语言选择表现关联的，而扩初是与设计标准规范严谨的出图关联的。

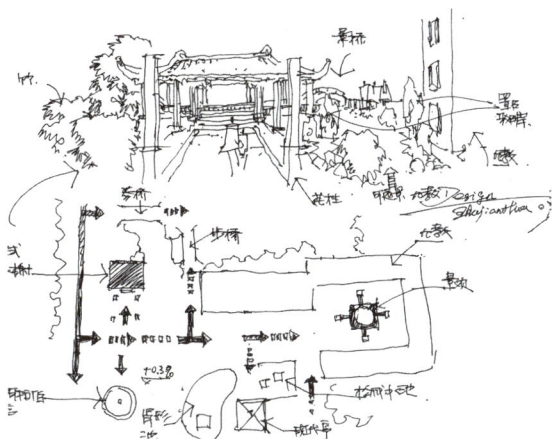

▲ 最初的方案概念草图设计——环境功能分析与水榭透视
（设计：祝建华）

项目：第九教学楼景观设计
地点：成都农业科技职业学院
设计师：祝建华
时间：2007年
该案例为教学楼周围环境景观规划设计中的宋式水榭的设计概念草图、效果设计、扩初设计与施工。

▲ 景观设计方案效果图设计——淡彩渲染

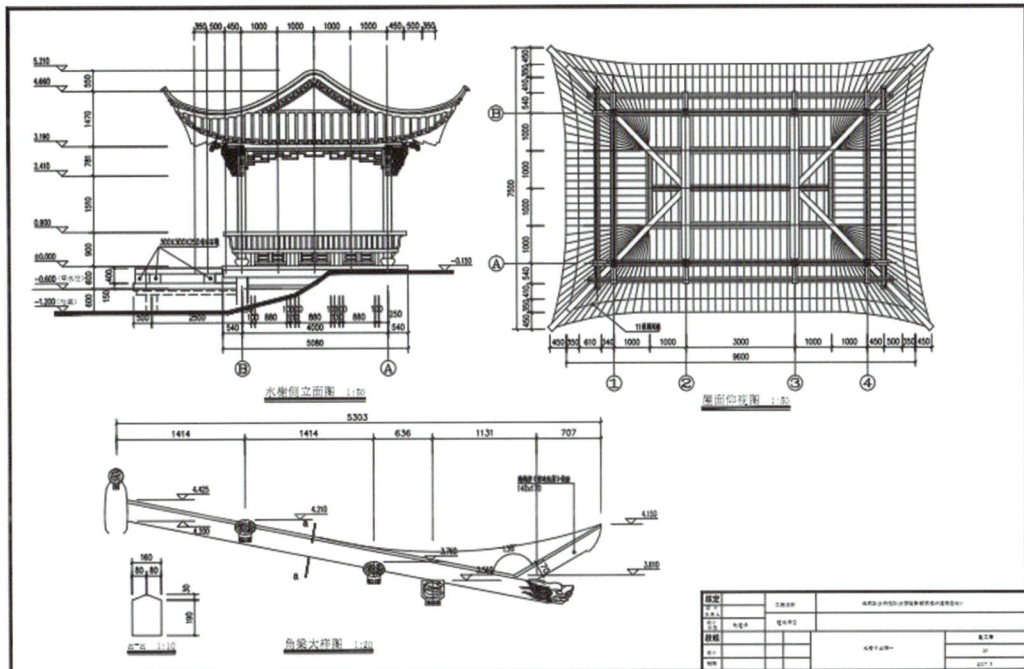

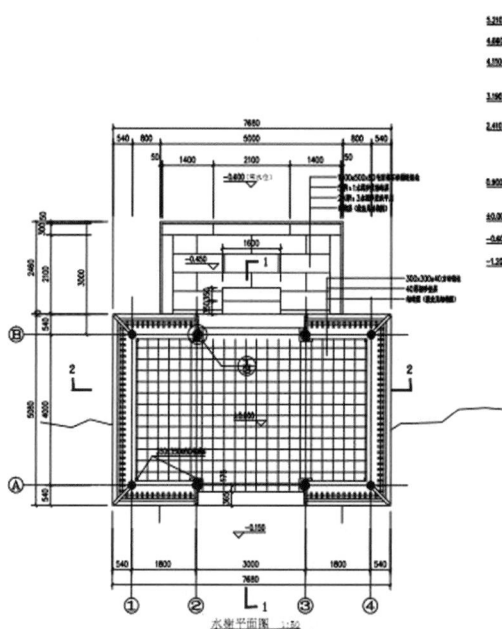

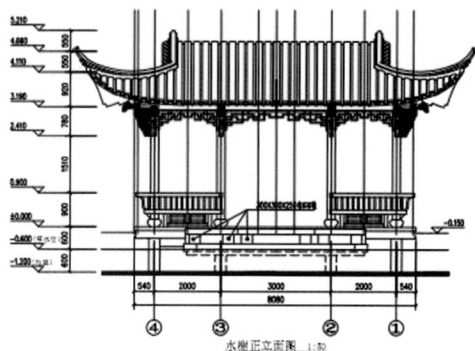

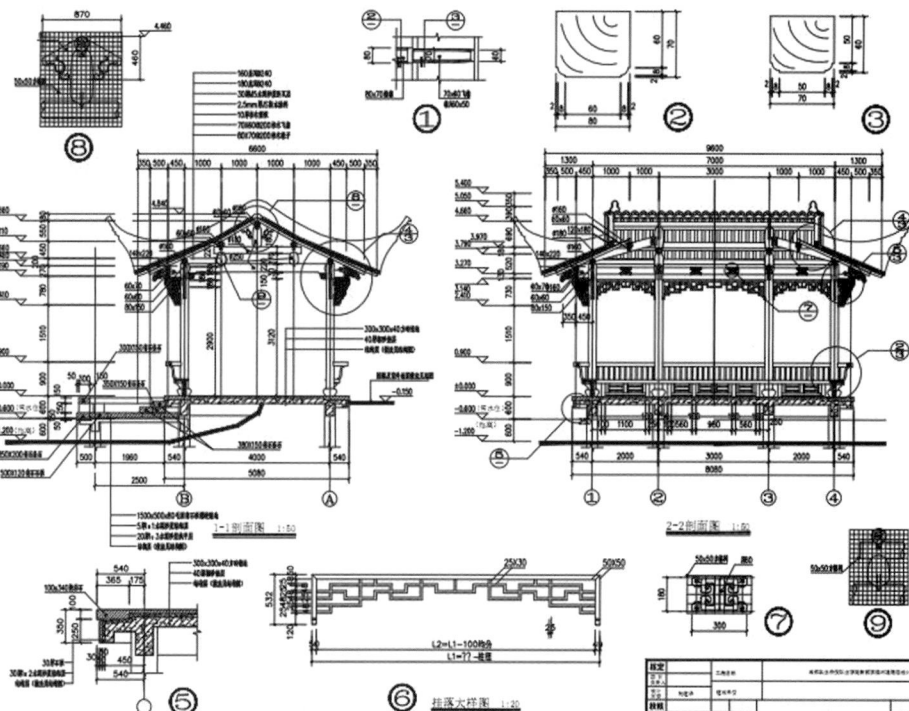

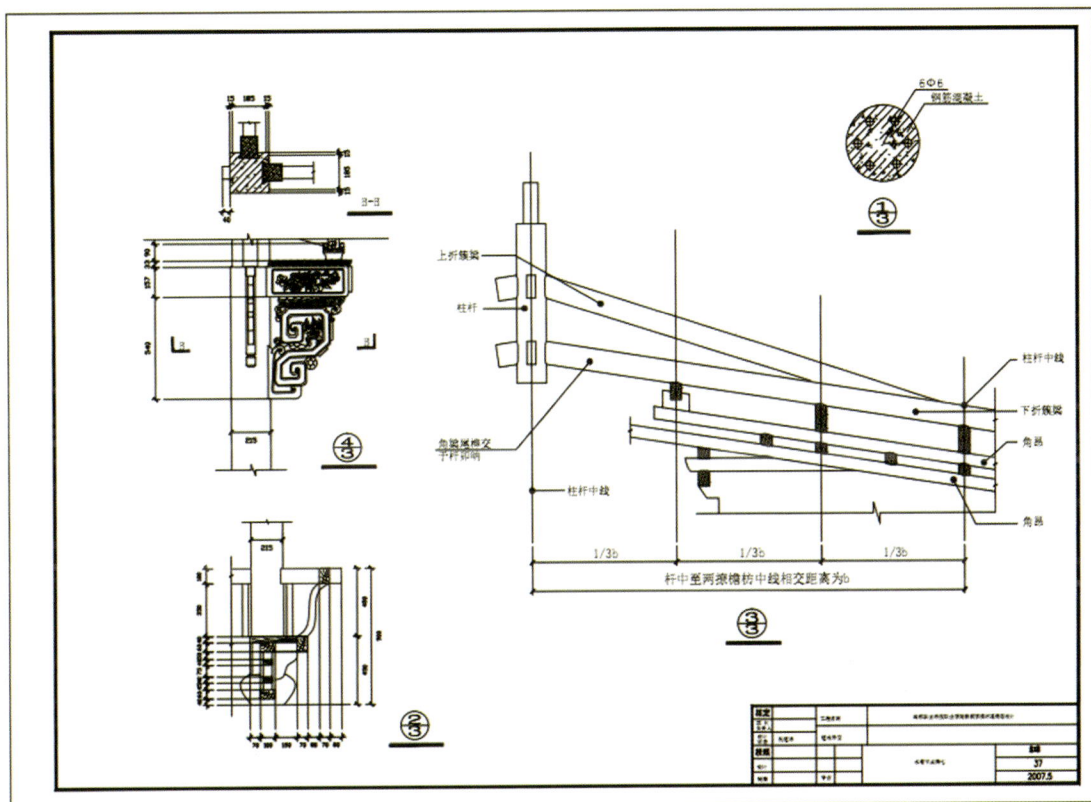

▲ 进行扩初设计的方案施工设计

▲ 方案扩初设计后的施工前交底

▲ 方案建成后的实景效果

◀ 方案施工在建现场

4）园林中艺术景观的设计表现

环境工程存在着的艺术景观，是其主题与文化的外在反映，是园林环境工程的焦点，也是园林设计的重点！其设计表达通常有两种方法：

其一是具象的设计，常采用纯艺术的绘画手段，诸如方案素描、色彩等，还可用计算机进行后期处理，当代计算机还发展了绘画软件，使之可以在计算机上直接进行设计，但前提是要具备扎实的绘画基础；其二对于抽象的构成装置，可以在计算机上利用诸如犀牛的相关软件进行表现，然后再进行扩初设计。

项目：航天展览馆
地点：西昌卫星发射中心
设计师：祝建华
时间：2003年
该案例为项目中艺术景观内雕塑的部分手稿。

▲ 该案例雕塑设计采用方案素描形式，以素描语言刻画的长处，准确地反映该项目中雕塑设计的精神主题与重点，设计对象与设计语言选择准确运用是十分重要的！该方案素描人物的内在精神的刻画，为后期1：1设计大样制作、施工的直接指导文本，对该项目重点设计具有重要的实践与操控意义。

案例

项目：绵阳农科所
地点：四川绵阳
设计师：祝建华
时间：2006年

此案例为景观雕塑的放样部分施工实景图，在由概念设计到实际的扩初施工时，概念如何才能清晰准确地被表达，是我们时常考虑的问题。

案例

项目：景观雕塑设计
名称："翼"
荣获香港IDAA2012第五届国际设计美术大奖
赛雕塑组金奖
作者：程雅妮
指导教师：祝建华

本案例雕塑设计用电脑软件进行富有效果的渲染，充分运用计算机对于材料的出色的优越表现，设计意图和作者理念被生动具体地表达出。现今科技的发展带动的是技法的拓展，软件的种类也越趋丰富，如何准确适宜地选取则要靠设计师们的综合素质修养和敏锐的感受能力。

学生作业实训——庭院空间设计

作业要求

1. A3图纸；
2. 功能区域设计布置，由动线展开——由概念到方案；
3. 平面布置图（手绘，并进行色彩描述）；
4. 轴测图——计算机辅助设计。

前期准备

1. 平面基址图阅读；
2. 工具及软件的准备：针管笔、麦克笔；
4. 优秀相关表达案例解读。

◀ 运用动线建立区域的联系纽带，继而设计相关动静功能区域的逻辑关系，完成设计概念草图

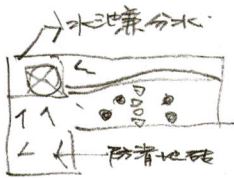

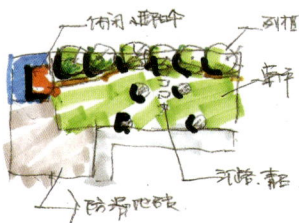

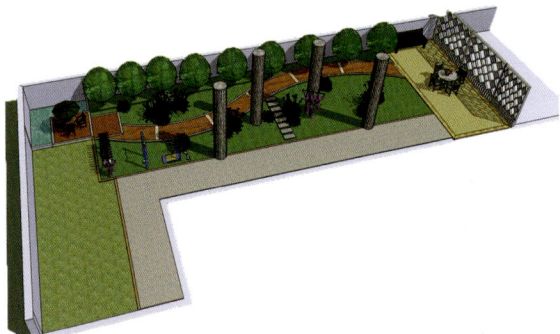

▶ 进一步思考庭院区域设施的深化设计，再进一步考虑设计色彩关系，用马克笔进行色彩的调性决定，平面布置一目了然。

▶ 在概念图的基础上，选择轴测角度，用SketchUp绘制轴测效果图，明确表达出空间关系，给设计以定性。

庭院空间设计

分析点评

　　这是一个小庭院的设计，庭院空间是与人类居住环境最为密切常见的环境设计，也是景观设计师考试的常见内容。概念图是设计思考、方案的推敲与确定的最常用的"利器"，此方案的设计从概念草图到方案，可以看到成熟的设计必然过程。设计表现采用方案草图、CAD、麦克、SketchUp等综合技法，表达富于思考和逻辑性。

4 方法问题——技法与表达

【本章导读】

园林工程设计语言形式是多元化的,答案虽然不是唯一的,但环境设计语言的准确、恰当、完整的表达系统形式,是其内在的、本质的、不变的规律。本章探讨了设计图信息表述语言采取什么样的方式,又怎样建立相互的关系,进而如何发展为表达系统的基本方法。

【建议课时】

30 课时

4.1 设计表达的媒介

4.1.1 设计内容与传达媒介

用系列图纸有效展现园林设计的一部分,这是一个有趣的挑战。图中的信息表述既要准确又要相互联系,如同一个古典浪漫主义的功能空间与现代快节奏的功能空间的设计语言要区别对待,不能采取同一设计表达形式。要运用一个能被普遍认可和易理解的系统,清晰地表达设计的方案。

1)对委托方用什么语言"说话"——方式合理

委托方设计项目内容、设计风格定位及其设计要求,决定设计表达语言所使用的"语句""语法",最后发展成为表达"方式"。

Green roof　Interior

Stacking Green

Exterior

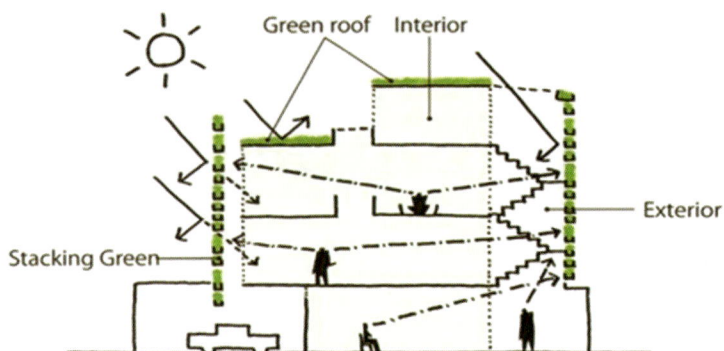

The people can feel the greenery illuminated
by sunlight from everywhere of this house　　Section Diagram

◀ 越南胡志明市"叠绿"住宅能量说明
示意图作品对植物功能、阳光的表达，
充分体现出现代绿色功能空间的特征
——系统、清晰。

◀ 项目：越南胡志明市"叠绿"住宅
地点：胡志明市

作品利用计算机辅助建模，表达出叠绿
室内外这一低碳住宅空间的绿色、清
新、舒适、恬淡。

为增强设计方案的表现效果，将
手绘效果图与计算机模型效果做
说明，从而更加突出"穴居"的
特殊造型与形态，表现出一种令
人难忘的穴居生活场景。▶

2）怎样"说话"——准确表达"语言"媒介的选择

设计表达具有多种表现的可能性。要成功地表现一个园林景观设计方案或概念是一种挑战。为了准确运用形式媒介,需要传达出方案独特的概念与精彩的表现技法,做到这一点并不容易。其设计表达绘图与模型应基于对方案设计的深刻思考和了解。设计要通过景观设计师所选择的媒介、表现的形式与挑选的图像版式传达给委托方,其设计语言要能够深深打动委托方,使得最终的方案具有实现的可能性,这也是进入未来工作岗位的唯一要求。设计表达图画与模型表现了提议项目未来的样子。

设计表现图应达到应有的品质:它们所表现的项目可以建成,并且使委托方憧憬项目的成功建设。就这点来说,设计师所提供的方案不仅仅是设计图纸,更是未来能够实现的园林景观项目。因此需要用专业的、看得见的视觉图像去说服客户,使他们有足够的信心实现方案。

Proposed Ecosystem Improvements

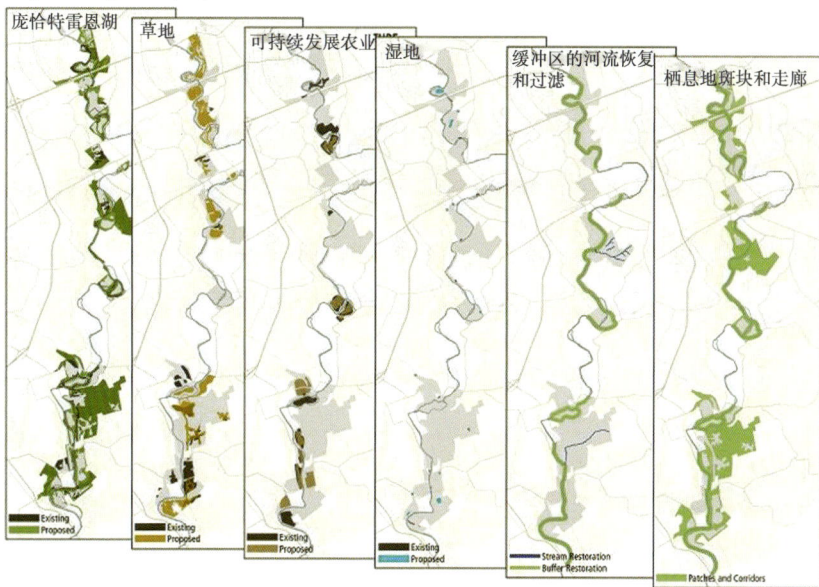

庞恰特雷恩湖　草地　可持续发展农业　湿地　缓冲区的河流恢复和过滤　栖息地斑块和走廊

Proposed Ecosystem Improvements and Benefits Summary

庞恰特雷恩湖	草地	可持续发展农业	湿地	缓冲区的河流恢复和过滤	栖息地斑块和走廊
现有的1.613亩地 提出的1.890亩 覆盖范围的增加:605亩	现有的247亩地 提出的825亩地 覆盖范围的增加:605亩	现有的927亩地 提出的284亩地 +284英亩不同管理	现有的20亩地 提出的49亩地 覆盖范围的增加:29亩	提出缓冲恢复74亩/7英里 提出了河流恢复三英里	10英亩的森林和25亩最小的草地

▲ 此设计中,同一个基址平面图上分别用深浅不一的颜色来表达该功能区域种植的各种植物。该图清晰地展现了种植平面、植物分布以及所占面积。生长的植物与色块颜色的统一表达了该地域植物的多样性。

项目：雨水花园——唐纳德溪水公园

地点：波特兰

设计师：唐纳德

公园设计充分利用了基地坡度的特点，收集雨水。不同的植物按坡势种植至低处的水池，最终多余的水则是被坡地上不同植物逐一吸收、过滤、净化后蓄在水池。水池上的曲桥和波特兰的旧铁轨共同组成的"波型"艺术墙，将基地与当地人文历史

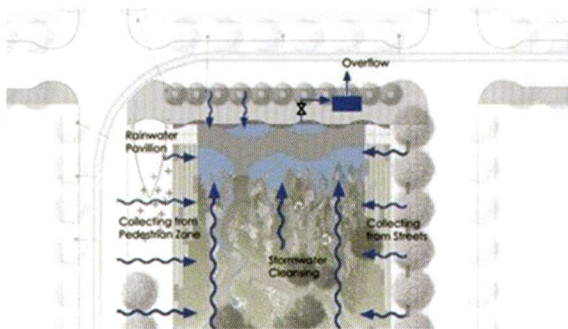

项 目：CHEVAL BLANC 葡萄酒厂

地点：法国圣埃米利永

◀ 在此设计中，平面图结合三维效果综合运用表现了葡萄酒厂设计在绿色植物的环抱中，体现其生态、绿色、环保的设计理念。

　　园林景观设计表现深受当代文化与图像设计的影响。设计表达绘图风格需要与时代精神和文化有关联。所以，除标准惯例下的园林景观空间与形式的特定表现手段之外，在如今跨学科学习的大背景下，从事园林景观设计绘图的人要从相关的艺术类学科中汲取营养，不断充实发展设计渲染与表现的技法。

　　园林景观设计表现图可以机械地、直接地表现提议方案。更重要的是，它需要激发各种期望，从而将观者带入一个充满想象与可能的世界。设计者需要同时具备工程师与艺术家的眼光，使人们相信一个充满可能的新世界。

4.1.2 表达设计内容与表达

1）强调哪些"话"——完整

　　设计表达给人以直观、准确的视觉效果，设计师需明确地选择恰当的手法，准确完整地表现出设计的目的。

　　设计表达侧重准确与完整性。在完整空间和序列的设计基础上，要突出设计重点、亮点、难点，在表达形式上给它们留出重要篇幅和位置，其特色是要结合内容和设计风格，来决定表达语言。一系列三维图片可以通过精心编排重新获得一种环视园林景观或穿越园林景观的空间序列感觉。空间序列的变化可以用来说明设计概念的重要方面，如园林景观的内部流线或者到达与进入标志物的方式。

STABIAE ARCHEOLOGICAL PARK

227_05

A system of lateral connections parallel to the bluff edge allow pedestrians and cars to transverse the site. Demarcated lightly by planting or elevation changes, these linear circuits define the five major park regions.

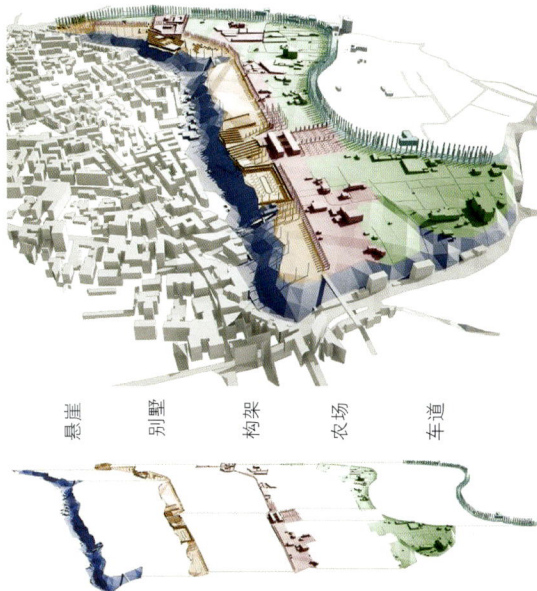

悬崖　别墅　构架　农场　车道

STABIAE ARCHEOLOGICAL PARK

227_16

The implementation of the park is concerned with immeadiate needs of interconnection, access and protection and the the long term goals of establishing a place that resonantes with its deep cultural and geological pasts. The nature of the archeological process further demands flexibility in time as new sites are unearthed and new centers established.

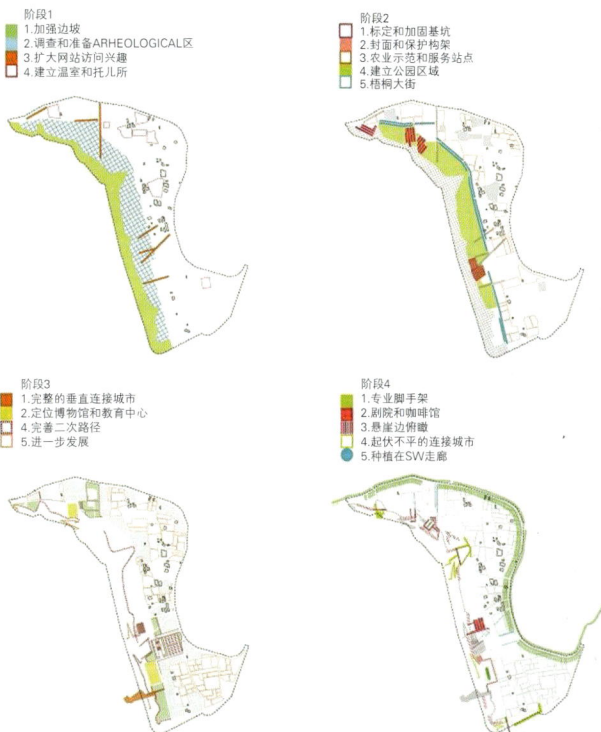

阶段1
1.加强边坡
2.调查和准备ARHEOLOGICAL区
3.扩大网站访问兴趣
4.建立温室和托儿所

阶段2
1.标定和加固基坑
2.封面和保护构架
3.农业示范和服务站点
4.建立公园区域
5.梧桐大街

阶段3
1.完整的垂直连接城市
2.定位博物馆和教育中心
4.完善二次路径
5.进一步发展

阶段4
1.专业脚手架
2.剧院和咖啡馆
3.悬崖边俯瞰
4.起伏不平的连接城市
5.种植在SW走廊

DEVELOPMENT SEQUENCE

在该园林规划设计中，设计师用不同色相的色块来——对应组合后的整体在空间序列上相互之间的关系。再展开于平面，分别说明不同色块所表达对应的不同功能区域之间的划分。这在视觉上给人以直接、准确，也表达出设计的准确与完整性。

2) 让委托方清楚满意的设计

要做到寻求任务书的最佳关系,建立"语汇"之间的有机联系,要完整、系统,做到设计内容的系统归纳。

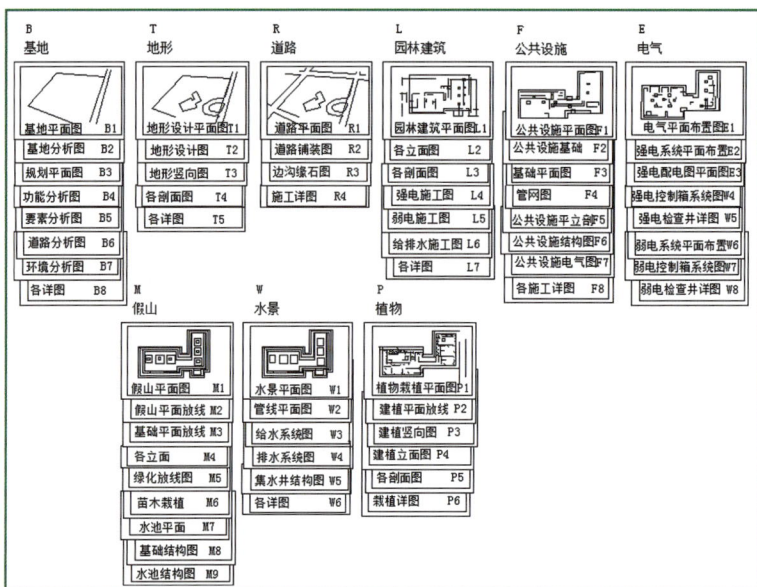

B 基地	T 地形	R 道路	L 园林建筑	F 公共设施	E 电气

基地平面图 B1	地形设计平面图T1	道路平面图 R1	园林建筑平面图L1	公共设施布置图 F1	电气平面布置图E1
基地分析图 B2	地形设计图 T2	道路铺装图 R2	各立面图 L2	公共设施基础 F2	强电系统平面布置E2
规划平面图 B3	地形竖向图 T3	边沟缘石图 R3	各剖面图 L3	基础平面图 F3	强电配电图平面图E3
功能分析图 B4	各详图 T4	施工详图 R4	强电施工图 L4	管网图 F4	强电系统平面图W4
要素分析图 B5	各详图 T5		弱电施工图 L5	公共设施平面图F5	强电检查井详图W5
道路分析图 B6			给排水施工图 L6	公共设施结构图F6	弱电系统平面布置W6
环境分析图 B7			各详图 L7	公共设施电气图F7	弱电控制系统图W7
各详图 B8				各施工详图 F8	弱电检查井详图W8

M 假山	W 水景	P 植物

假山平面图 M1	水景平面图 W1	植物栽植平面图P1
假山平面放线 M2	管线平面图 W2	建植平面放线 P2
基础平面放线 M3	给水系统图 W3	建植竖向图 P3
各立面 M4	排水系统图 W4	建植立面图 P4
绿化放线图 M5	集水井结构图 W5	各详图 P5
苗木栽植 M6	各详图 W6	栽植详图 P6
水池平面 M7		
基础结构图 M8		
水池结构图 M9		

系统园林景观设计的完整内容 ▶

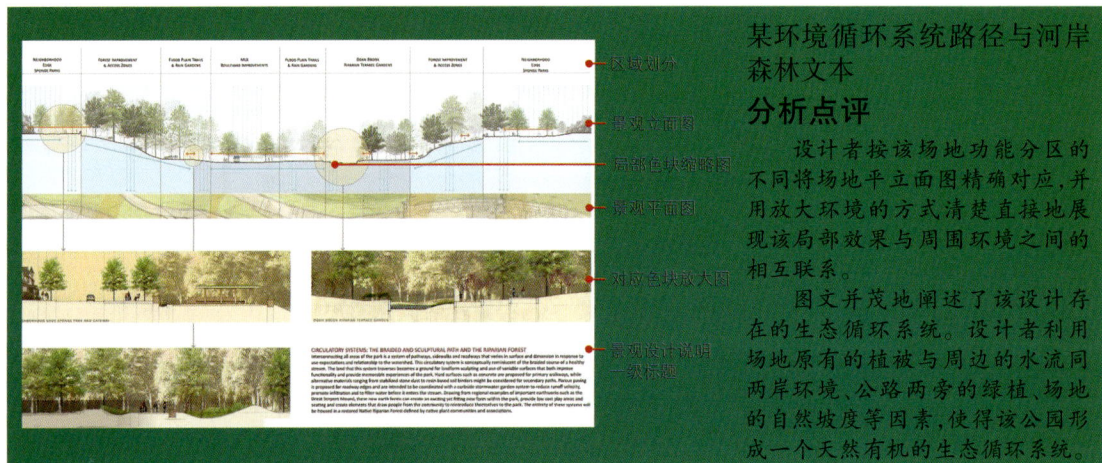

区域划分
景观立面构
局部色块缩略图
景观平面图
对应色块放大图
景观设计说明
一级标题

某环境循环系统路径与河岸森林文本

分析点评

设计者按该场地功能分区的不同将场地平立面图精确对应,并用放大环境的方式清楚直接地展现该局部效果与周围环境之间的相互联系。

图文并茂地阐述了该设计存在的生态循环系统。设计者利用场地原有的植被与周边的水流同两岸环境、公路两旁的绿植、场地的自然坡度等因素,使得该公园形成一个天然有机的生态循环系统。

莽山儿童森林公园

项目名称、平面设计

分析点评

该图表示该项目的地形与植物建植平面。设计者将地形用等高线清晰地加以表达,与植物的设计分布及选取易说明设计构思的断面,进一步以竖向图并且施加淡彩的表现加以效果表达。平面图与剖面竖向图在一张图内进行对应逻辑化的构成,清晰而直观,非常便于识读。文本的设计与整体统一,直接凸显内容本质的平面设计,极具形式美感。

剖切线
景观平面路
剖切线
剖面竖向图
二级标题
比例尺

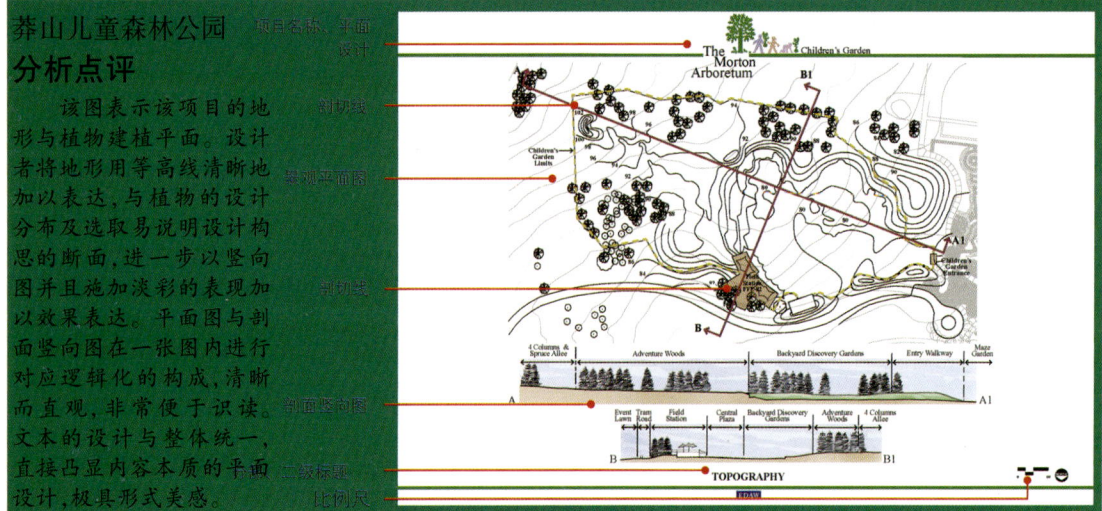

▲ 设计出图　竖向图与效果图、立面图、平面图的相互位置清晰表达。

学生项目作业实践 1

项目:植物园案观工程
地点:成都

在本方案设计中,将 CAD 图与效果图结合,做到了任务书的最佳关系,设计中系统、完整的出图便于施工,具有实践性,做到了让委托方清楚满意的设计。

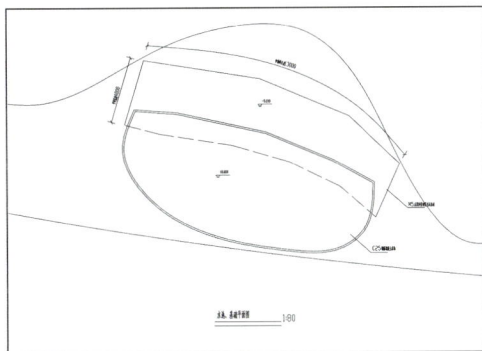

▲ 水池、基础平面图基础的设计,是工程建立的基本。

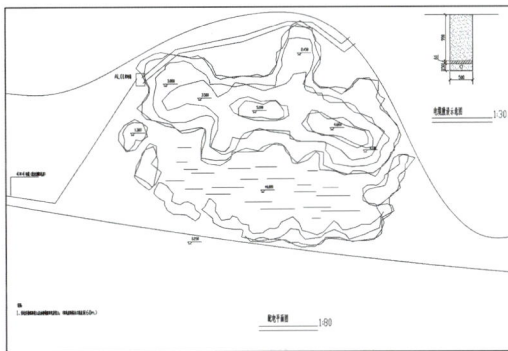

▲ 配电平面图
强弱电的布置,是基础工程的组成"部分"。

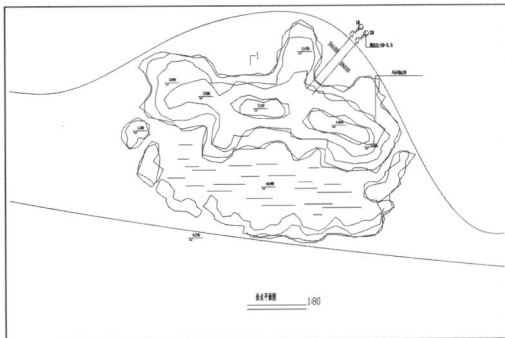

▲ 给水平面图
给排水、集水井的布置,是合理建设的体现。

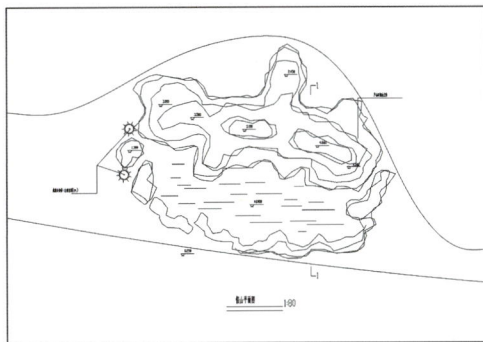

▲ 假山平面图

▲ 假山正立面图

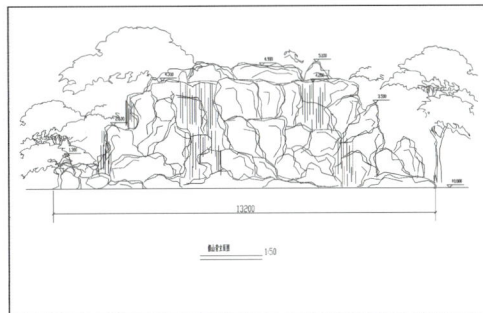

▲ 假山背立面图

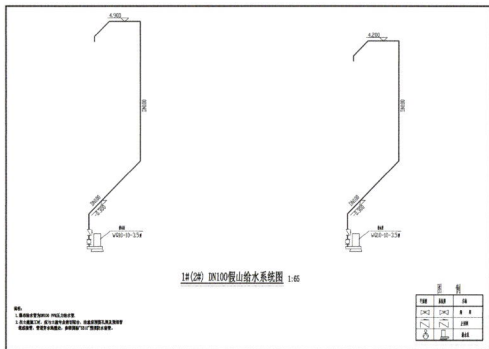

▲ 假山给水系统图
CAD完成的瀑布给水管大小及压力

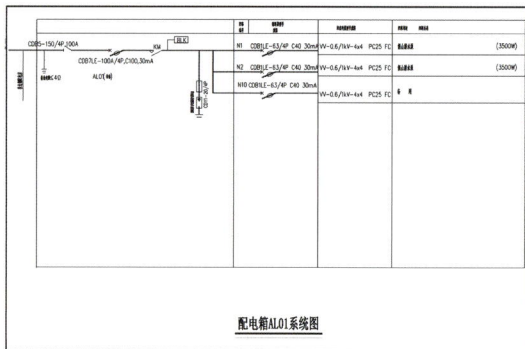

▲ 配电箱系统图
负荷决定了线径、穿管、线的类型、熔断器的设计。

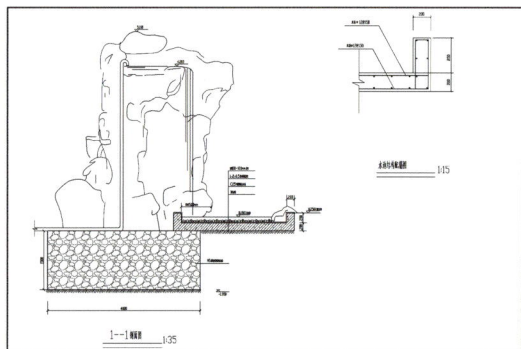

▲ 1-1剖切图与水池结构配筋图
CAD完成结构大样详图

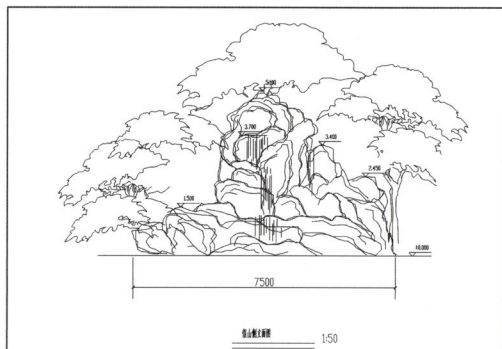

▲ 假山侧立面

▲山石假山工程效果图

学生项目作业实践 2

项目:场地景观快题设计

设计:李萱

指导:祝建华

局部景观透视图与场地分析有机地结合,直观地表达了场地与局部的关系。

▲ 总平面图
用淡彩快速表达出功能区域划分与环境之间的关系。

▲ 空间结构分析图
"泡泡图"的区域划分被运用,如右图。

学生项目作业实践 3

项目:金蝉寺规划方案

设计表现形式:作品集

地点:四川射洪

设计:程雅妮、徐春英、车璐

指导:祝建华

此方案在遵循传统寺观建筑形制基础上,因地制宜,从山腰到山顶形成整体序列,在景观节点上合理安排大殿位置。因材制宜,巧妙利用当地石材、木材,体现设计地域性和可持续性。

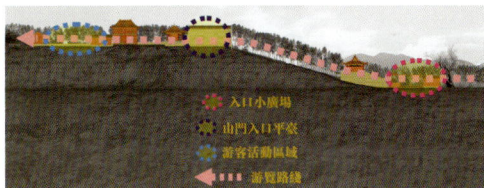

▲ 立面景观分析图
地形环境、建筑景观组成天际线。

▲ 总体规划图
计算机渲染的鸟瞰图,充分表达了景观与建筑群之间的关系。

▲ 景观道路分析图
鸟瞰图的图底,运用很直观的"方向箭头"来表达道路设计的区域联系作用。

▲ 景观轴线分析图

▲ 天王殿效果图
建筑利用传统和挡土墙的设计，运用计算机辅助设计，使建筑主题非常突出。

◀ 道路规划图
"泡泡图"的区域以道路连系的表达形式表现，非常直观。

◀ 景观小品分布示意图
包括各区域的景观设计概念钢笔、淡彩草图。

学生项目作业实践4

项目:场地景观快题设计

  设计:宋梅玲

  指导:祝建华

本设计较全面地分析了场地因素,快速而较为熟练地运用手绘准确地表达了设计意图。

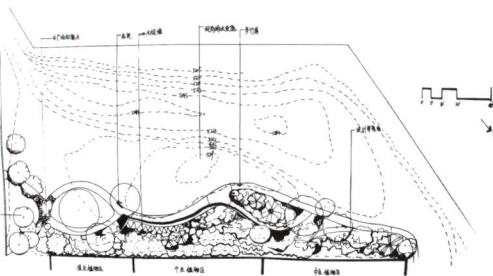

▲ 基址运用等高线分析图

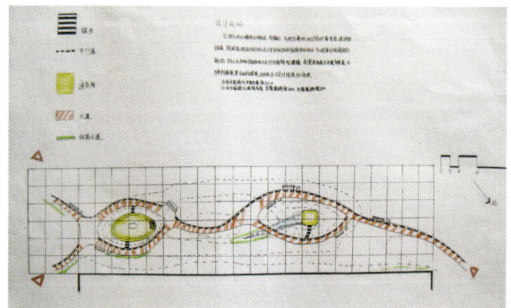

▲ 道路设计图

▲ 植物建植设计图

▲ 地形运用等高线设计图

▲ 运用色彩和符号清晰地表达了设计内容的绿地设计图

▲ 道路的照明设计——位置图和线路设计

▲ 地形的分水设计

▲ 运用色彩的功能区域布置图

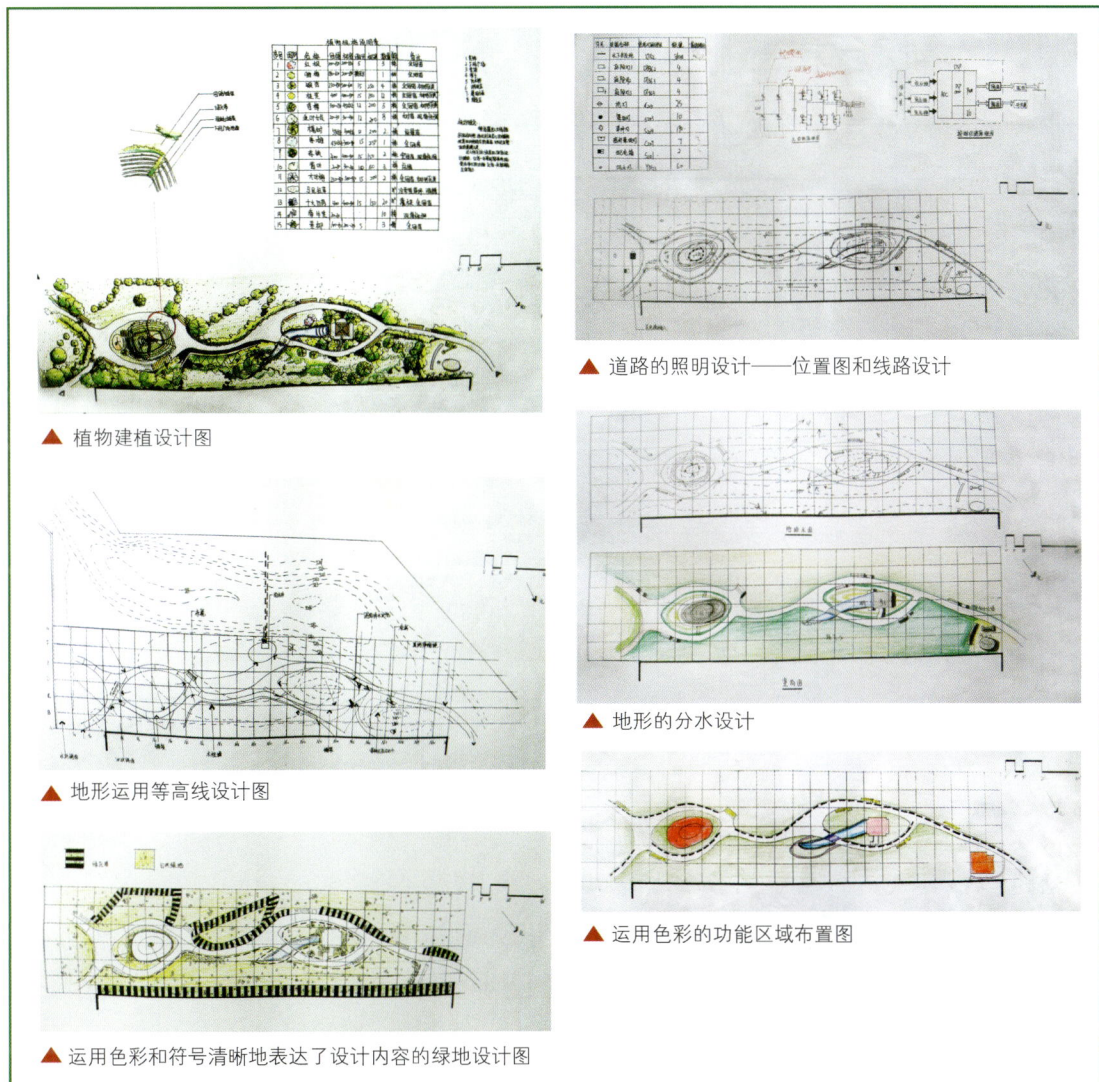

学生项目作业实践5

项目:丹棱滨水景观设计方案

地点:成都

设计:程雅妮、李惟恬

指导:徐伯初

基于对项目的分析,此设计围绕水来展开整个景观序列。利用地形和天然滨水环境以及研究人在滨水空间的行为是此设计的重点和亮点。

(1)借鉴水的主题,引导人们对自然、生态、环境的追求。

(2)创造一个生态的、可持续发展的公园。

(3)讲求艺术元素和生态元素相结合。

(4)通过整体性道路系统,让各个空间有机地联系起来。

(5)通过水岸、水体和生态湿地的整体性设计提高景观的质量。

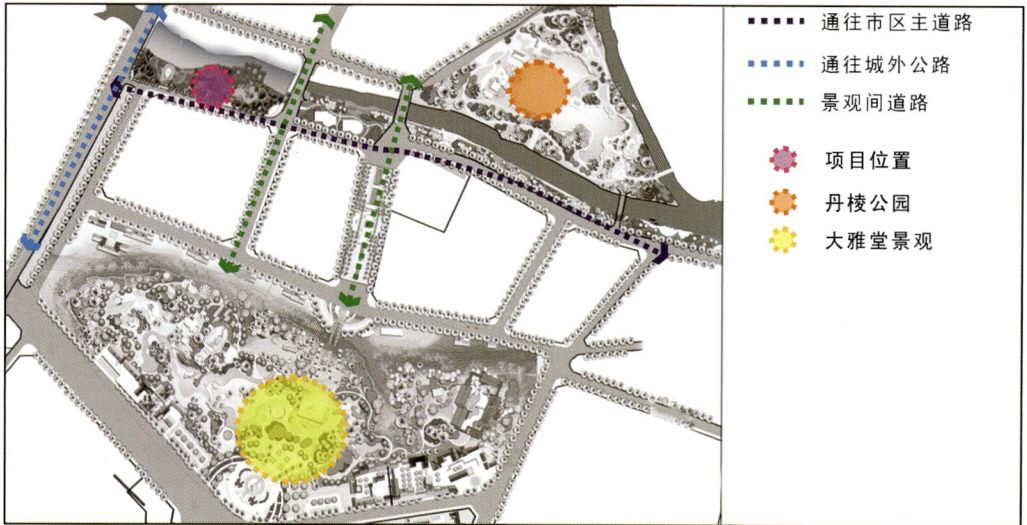

▲ 运用计算机建模的地形环境分析图

▲ 用PS等软件绘制的滨水景观设计总平面图

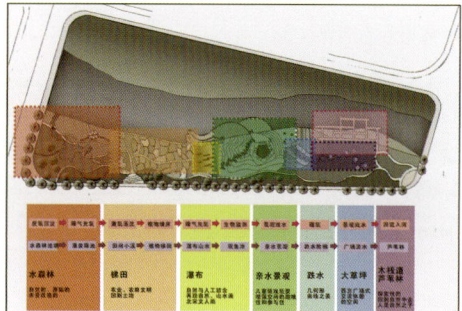

▲ 场地设计的表达图

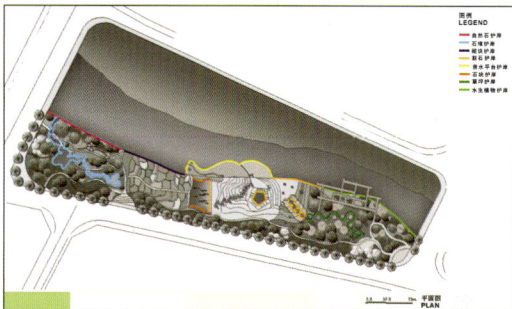

▲ 驳岸、码头设计

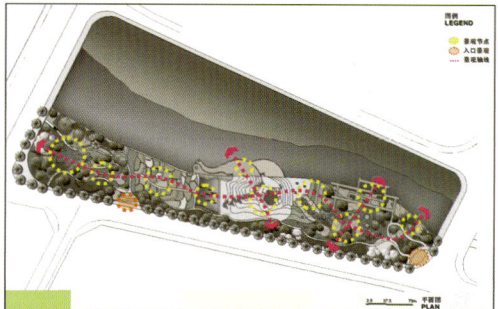

▲ 用PS等软件、"泡泡图"等方法绘制的道路动线与视点组织设计表达图

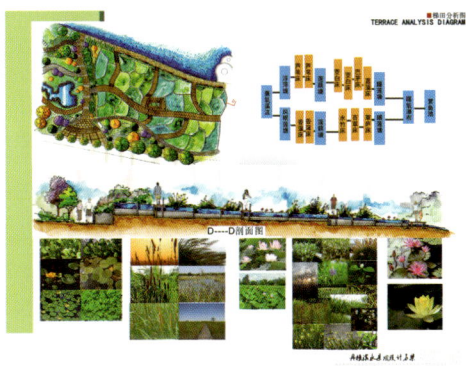

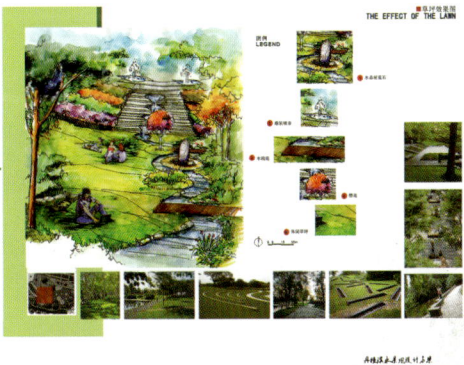

▲ 用PS、手绘完成的各区域所对应的景观设计及效果表达

4.2 设计表达方法与目标

4.2.1 绘图种类

设计表达目标分析与确立景观设计有许多阶段,不同的阶段伴随着不同的绘图种类。

4.2.2　设计步骤

设计表达流程是一个分析与表达语言综合运用的过程,按设计思维过程展开,有以下几大类:

1)设计分析阶段

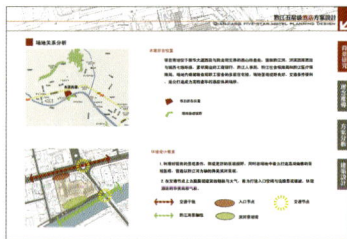

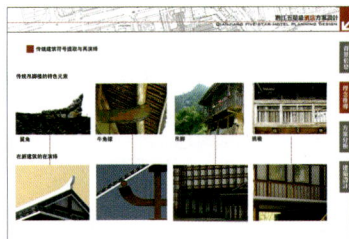

实地分析、资料分析、设定目标。

2)设计构思阶段

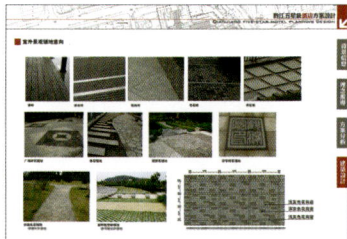

"概念"草案、阶段草案、确定草案。

3)设计定案阶段

评估选择、正式设计表达、方案素描及效果渲染。

项目:黔江五星级酒店景观设计

地点:重庆

设计:祝乐

▲ 设计分析阶段

▲ 设计构思阶段

▲ 设计定案阶段

4)设计反馈与修正阶段

包括"正"反馈、"负"反馈、修正完成(设计变更图、设计竣工图)。

设计与表达是一个眼、手、脑并用的形象思维过程。对于初学者,最好的办法一是临,临摹优秀设计绘图作品,在过程中熟悉各种材料工具的表现力度和使用技巧;二是看,多看优秀设计效果图作品,分析其表现技法;三是增强自身的能力,从临摹优秀作品到独立的运用。

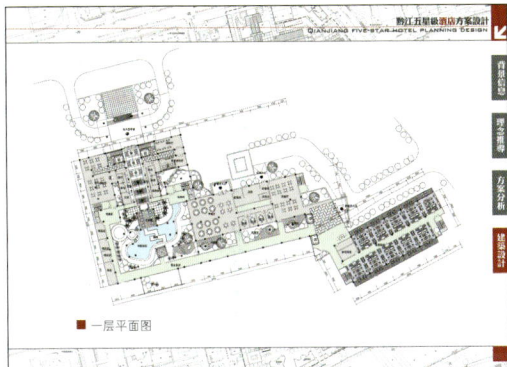

▲ 设计反馈与修正

4.3　设计表达的形式

4.3.1　排版与表现

设计思想的传达是关键的,如何组织和展现它是一个重要的设计因素。

设计图的排版直接影响读者对于设计概念的解读。设计图版式绝不是单纯的平面设计,重要的是反映了项目设计的内在逻辑关系。将一组平面图、立面图与剖面图编排起来就可以建立起预期的立体形状。这些图像的排版方式很重要,只有通过恰当的编排,才可以叙述"正确"的设计方案。

平面图类似于地图,画出了房屋、空间与流线的关系。当剖面图与平面图放在一起被解读的时候,可以得出地形植物等的高度与它们之间的竖向关系。立面图则反映了平面图中表示的门与开口的关系。要正确讲述设计的故事,这些图既要标准规范,又要仔细关联,以使它们之间的内在联系更清晰。

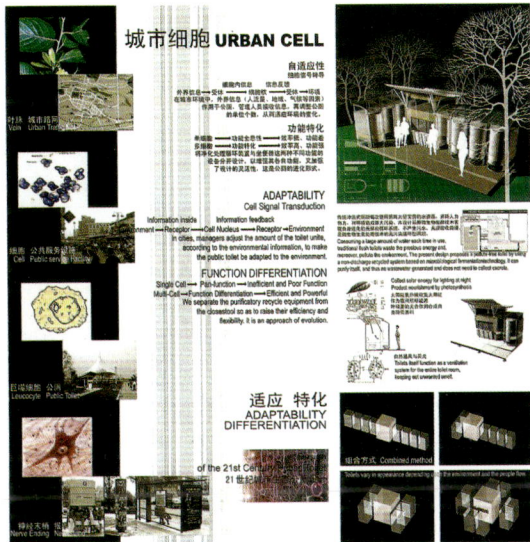

▲ 项目:21世纪公共厕所国际设计竞赛
　设计:杨锦　朱熠

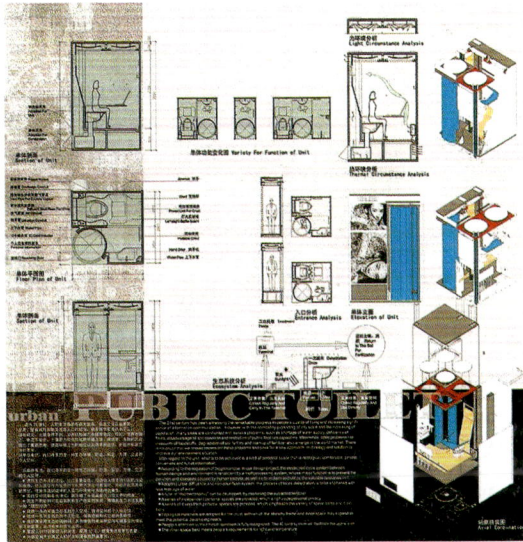

▲ 项目:21世纪公共厕所国际设计竞赛
　设计:谯华芬　孙靓

这两个竞赛方案都在有限的画面内表达了众多的设计内容,反映了项目设计的内在逻辑关系。同时,形式上有较强的视觉效果,主题突出,详略得宜,疏密有致。

1）纸张尺寸

许多园林图通过 CAD 软件绘制,可以被保存为多种格式与尺寸。这些图要转换的尺寸取决于它们要打印出图的大小,也就是由展示图所要展示的地点与展示方式来决定。

（1）ANSI 纸张尺寸

名称	英寸×英寸	毫米×毫米	相似国际型号
ANSIA	8×11	279×216	A4
ANSIB	11×17	432×279	A3
ANSIB	17×22	539×432	A2
ANSID	22×34	864×539	A1
ANSIE	34×44	1 118×864	A0

除 ANSI 系统以外,还有一套为建筑学而设置的尺寸。

名称	英寸×英寸	毫米×毫米
Arch A	12×9	305×229
Arch B	18×12	457×305
Arch C	24×18	610×457
Arch D	36×24	914×610
Arch E	48×36	1 219×914
Arch E1	42×30	1 067×762

（2）国际标准纸张尺寸

A 系列

型号	毫米×毫米	英寸×英寸
A0	841×1 189	33.1×46.8
A1	594×841	23.4×33.1
A2	420×594	16.5×23.4
A3	297×420	11.7×16.5
A4	210×297	8.3×11.7
A5	148×210	5.8×8.3
A6	105×148	4.1×5.8

B 系列

型号	毫米×毫米	英寸×英寸
B0	1 000×1 414	39.4×55.7
B1	707×1 000	27.8×39.4
B2	500×707	19.7×27.8
B3	353×500	13.9×19.7
B4	250×353	9.8×13.9
B5	176×250	6.9×9.8
B6	125×176	4.9×6.9

C 系列

型号	毫米×毫米	英寸×英寸
C0	917×1 297	36.1×51.1
C1	648×917	25.5×36.1
C2	456×648	18.0×25.5
C3	324×458	12.8×18.0
C4	229×324	9.0×12.8
C5	162×229	6.4×9.0
C6	114×162	4.5×6.4

2）排版

一旦纸张的尺寸定下来，下个问题就是图的排布方向。

横版表示水平向，竖版表示竖直向。美术学上的横版绘画通常用于描绘风景与地平线；竖版绘画则通常在竖直的框架中描绘人物全身像与人物头像等。园林景观设计图对于"框架"的选择同样如此。如园林中坐落景观更适合横版绘画，而像空中垂直发展的方案用竖版排布更为适合。

传统上，园林图都以横版表现。平面图在横着的图板上绘制，会使图之间有清晰的联系。

如今，园林景观设计绘图需要给人创造一种"可能的真实性"：具备可能的功能、生活方式等的真实空间。可当成广告来使用，将方案以生活中存在的方式呈现给观看者，供其选择。这些表现图在呈现出强烈的视觉感受的同时，也具备实际的、有量度的实用景观元素。

▼ 横向版式

▲ 项目：圣·乔治广场
地点：格拉斯哥
建筑师：Block建筑事务所
时间：2006年

这是位于格拉斯哥的城市广场设计。图的下半部分是街道两侧建筑的立面，为场地的背景提供了解释说明，并且为表现图中其他的元素提供了一个底。设计概念由一些说明性文字与图例做更深一层的阐释。它们在图面的底部呈现出一条叙述故事带。透视图传达了方案的三维意向，电脑的处理使图像具有一种真实感和趣味性。

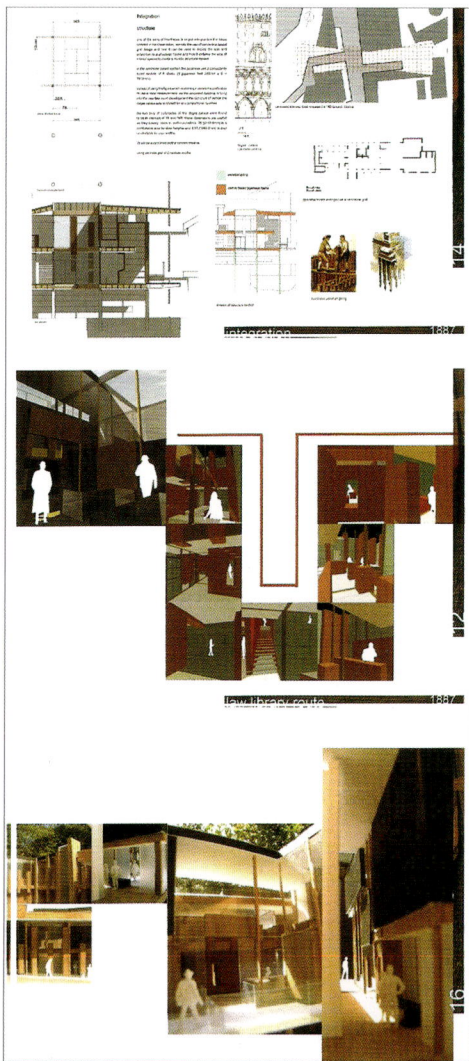

▲ 竖向版式

3）设计图的版面设计组织

将各个完整的图组织起来需要认真、不断地进行版式设计，以保证整体表现的清晰性。

当把一组图片文本集合编辑排版时，就像是一种缩微图像，要能够突出图片之间的逻辑关系与它们所包含的内容。还要有效地组织图片，从而确保准确表达方案与图片之间的互相补充与完善。主要有两种形式：文本，又称作品集；展板，又称故事版。

图片需要讲述设计方案的内容，需从以下方面入手：项目及区位基址规划图、效果图、概念草图、设计元素分析图、功能区位图、总平面图、入口层平面图，其他景观平面图、立面图、剖面图；施工设计图、指标、造价概算。

知识链接

一个优秀的设计视觉表现不应该是混乱无序的，而是有足够打动人说服人的力量。既要有专业设计的内在关系，也要有与其相关的平面设计，如画面文字的节奏，一、二、三级标题的设计安排、局部画面大小安排控制等。各种信息的空间容量设计，使其便于阅读与理解。信息可以由各种表达技术方法来表现。图片应该有目的、有节奏地排布，使观者将它们作为一个设计的集合体来解读。

4.3.2 补充文本

设计图必须清晰地传达设计师的想法、概念与意向。而图像所包含的信息可以通过配备的文字进行说明,它能确保方案设计有效地被解读。因此文本的表现方式需要仔细地考虑:

①文本的层级划分和它如何与图画进行联系。

②设置引导流线指示标记使设计信息被正确地解读。

③标题用醒目的文字表示以便使人们能迅速点入主题。

④图中的数字符号、图标和各种记号使观者能清晰地解读不同的空间或功能。

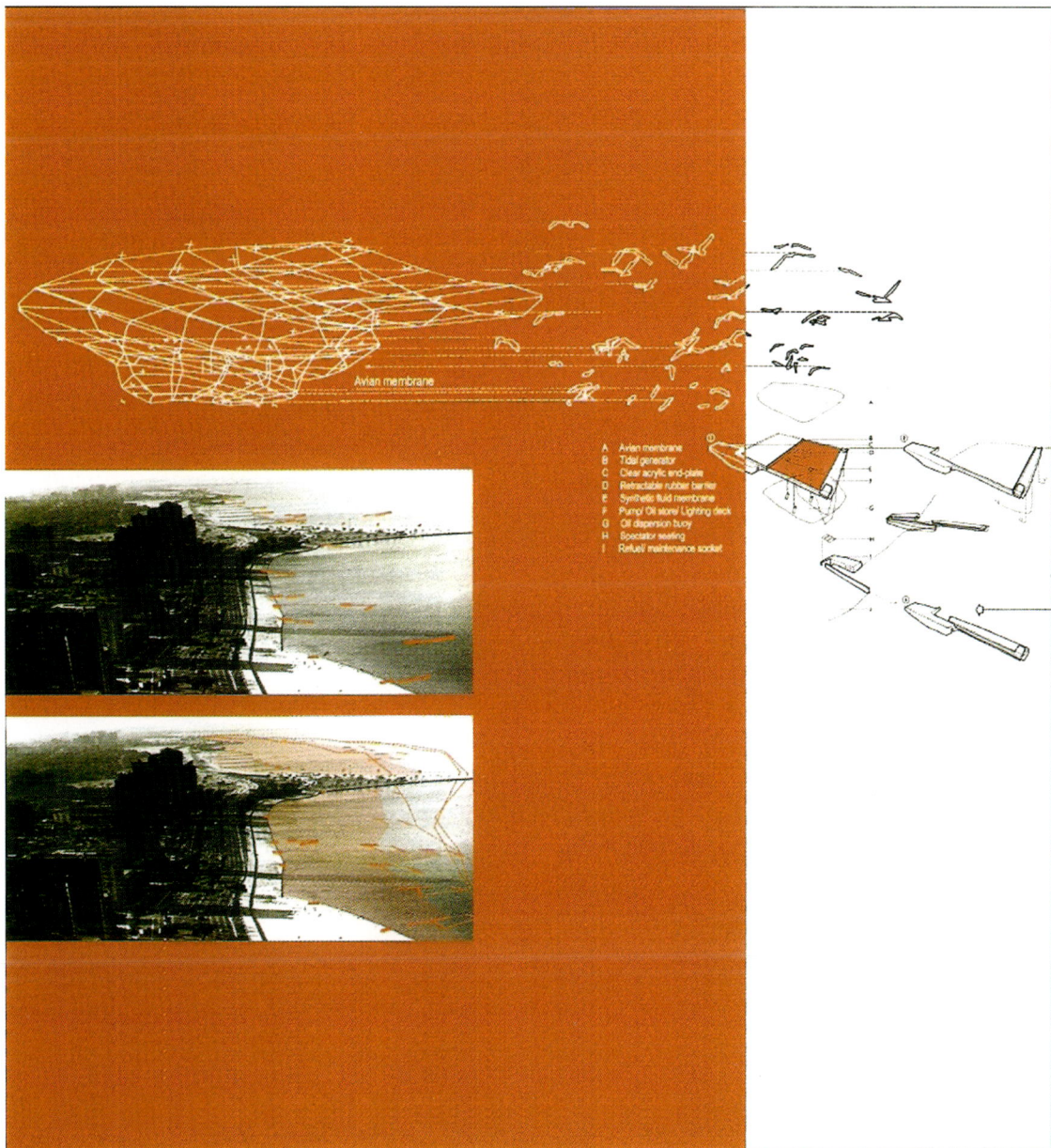

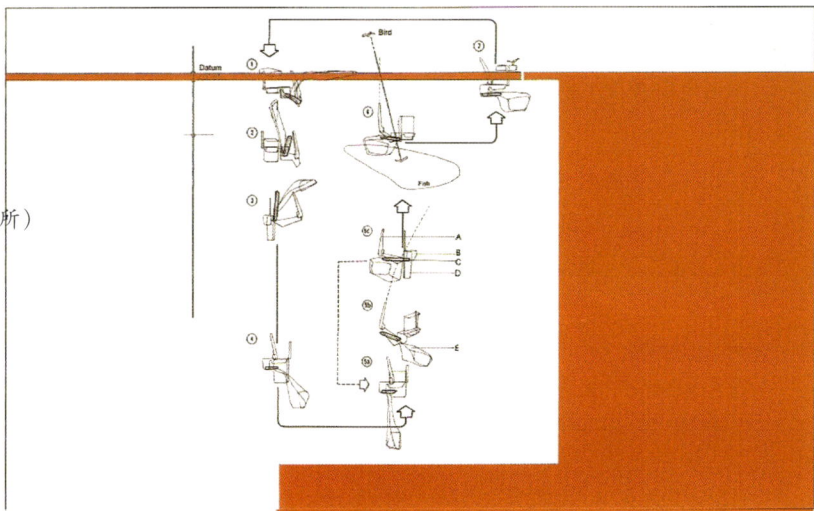

项目:Metazoo
建筑师:林纯正(第8事务所)
时间:2000 年

▲ 这个概念设计使用蒙太奇图像手法来表达想法：建筑概念直接拼贴在基地航拍图上。通过将方案拆成许多零件部分的方式来更细致地表现项目，使得设计想法在三维方面更进一步地被表达出来。一个图例注释了每个图的元素。

4.3.3　表现与展览

　　陈述报告即评图或展览，又称"故事版"的设计，是对设计的一种直观的介绍，也是展示设计的精彩性与可行性的机会。它要求结合表现图上所有的图画、草图、效果、CAD 与模型，在平面上通过视觉传达设计讲解如何实现与运行项目任务书中的要求。

　　陈述报告故事版的设计，更应该表现得像是一幕戏剧！——提前进行彩排，将所有的道具(图画和模型)表现出来，使听众从头至尾都对其有一种直观的了解。

　　当表现展出一个预期的方案时，图片是整个展示故事的一部分。还可以借此机会，设计者进一步深入详尽讲解方案，描述使人感兴趣的细节，并且可以描述出概念背后的各种不为人知的想法，强调出方案的主要概念。很重要的一点是，设计师通过故事版能够直接地解答观者对于设计所提出的问题。

1)展板

　　展板(故事板)是设计师用来组织设计概念或方案的表现形式，是设计效果的描述与分析园林或空间所设计的多种功能与采用的手段，其主要内容有:设计基址,设计规划与效果,针对设计产生的一系列的分析,实现的技术施工初步设计、指标及概算。所有这些通过精良的平面设计传达出来。这意味着设计师吸引观者能够辩证地评价方案。展板也可以用来描述一组在园林中穿行可能会看到的空间透视，给观者身在园林景观内部的空间体验。

　　展板要采用综合的设计手段，可由手绘草图、尺寸图或一系列连续的鸟瞰图构成，也可将实体模型拍照放在展板里，表现连续的空间。设计师要能够结合空间来思考设计方案，在设计过程中对发展方案也是很有用的。同时，展板要注意安排图像排布与总体表现不同视觉元素之间的联系。

　　展板大到设计项目的表达，小到诸如卖房广告的宣传单，都需要精心设计。

框架是展板中非常有用的元素,它将图片进行分类,把相同大小的不同图片排在一起进行表现。将提议方案通过三维方式表现出来,使得观者能够"全方位"地看到项目形状,尤其是在园林景观形式非常复杂的时候,这种做法非常有效。园林形式的不同方面与视角可以用框架重叠的方式拼到同一张图上,从而突出了方案的不同元素。

2)设计作品集

作品集包含了设计工作的表现样本。制作作品集本身就是一项设计工作。它需要通过对设计内容有计划地叙述、仔细地组织、对信息进行排版、认真排布文字和图片来清晰地传达想法与信息。

3)作品集的目的

观众的感觉影响着整个作品集的内容与组织形式。作品集需要对设计有独特的见解与前卫的思想来展示设计师的才能、资质和潜力。

4)确定内容、格式与框架

一个好的作品集应该罗列出一系列手绘与电脑制作的图片,内容如前所述,从方案的概念阶段到设计效果的各个细节阐述至施工设计和各项指标,通过一些媒介与表现手段来展示不同的想法。

无论采用什么表现方法,图片的设计及其与版式之间的关系是关键问题。保持作品集各页面之间的版式统一是很有效的方法。

技法解读

建築館小賣部節點改造

▲ 展板

建筑馆小卖部主入口"节点""模型容器"的建模、发展、功能与环境、尺度等运用综合表达技法，通过有节奏的平面设计做了系统、逻辑的设计表达展示。

5）制作作品集

设计一个作品集需要仔细地思考与组织作品。使用格式规划作品集的内容有助于确保方案能够很好地被组织起来。

（1）确定作品集的对象。

（2）确定作品集的一个大方向。

（3）按顺序编排作品集的目录。

（4）思考页面最适合的形式与版式。

（5）选择一种字体风格与尺寸来搭配图片。

（6）对作品集进行清晰的分类（应该按照几个主题或项目来将内容进行明确的分类）。

（7）使用方格（像对页那样）虚拟作品集的页面。用文字和草图来标示出项目与相互联系照片的次序。

（8）根据之前编排的内容次序来为每张页面贴上标签。

（9）思考页面之间如何连接。

（10）归整作品集，以使其符合平面格式。

作品集统一、完整、良好的平面设计有着系统的传达力。

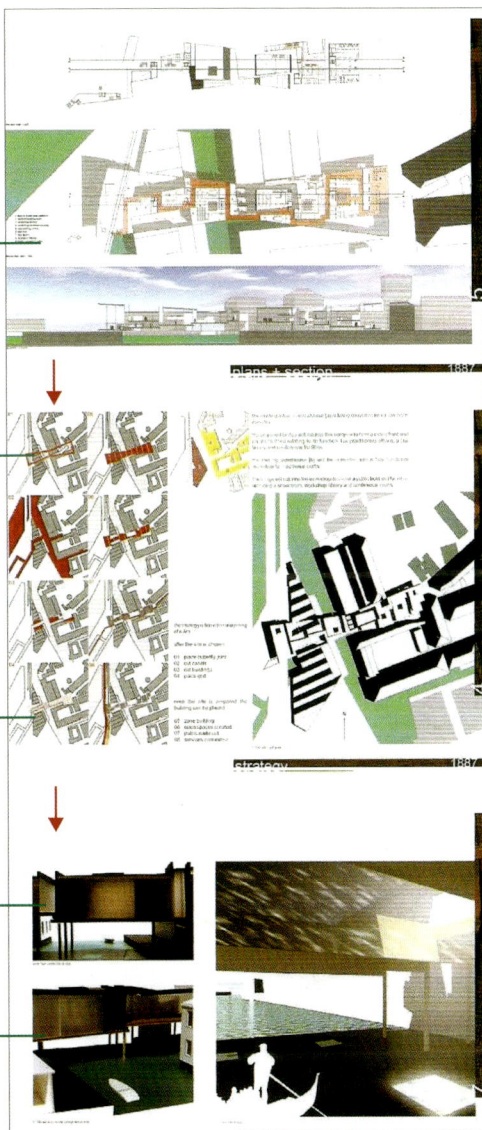

练习题

准备 A3 绘图纸数张，完成一个设计项目，制作模型和作品集，并存电子文档。

项目：Living Bridge 作品集

地点：威尼斯

建筑师：罗布·摩尔

时间：2006 年

作品集是工作的总结。这张图片展示了一系列在威尼斯一个称做"Living Bridge"的单体建筑方案的图片。

案例解析 1

项目:居住环境规划设计——罗目之城
地点:重庆
时间:2009 年
设计:祝乐

本展板设计较全面地分析了城市居住规划设计的综合因素,很好地将理论与实践相结合,将版面内容关系系统全面地、具有较强逻辑性地、详略得当地、有条不紊地排列出来。平面设计严谨而又具有较强的视觉效果,设计表现完整。

通过解析该展板设计要素的运用,对于故事板的设计有一个清晰的认识。

运用"泡泡图",针对场地所在地从大到小在交通、环境、经济、人文等场地背景做详细的区位关系分析。

在设计前期针对场地规划的经济指标做列表说明。

采用相邻色阶的表达方式,清楚系统地说明了在高程与坡度上该场地的高低起伏关系。

构思来源与场地周边环境结合,提出设计概论,规划场地的空间组织结构模式。

场地规划概念模型——游离路径。按照场地原有山体脉络设计出的路径。版面对比强烈、关系明确。

在规划分析中的六个板块,同一平面使用不同的色块明晰地表达了设计内容及关系。

通过计算机辅助建模,清楚直观地展现概念演化。

局部设计,逐一分析套型格局,加之套型信息说明。体现予人设计的合理性,使作品更具说服力。

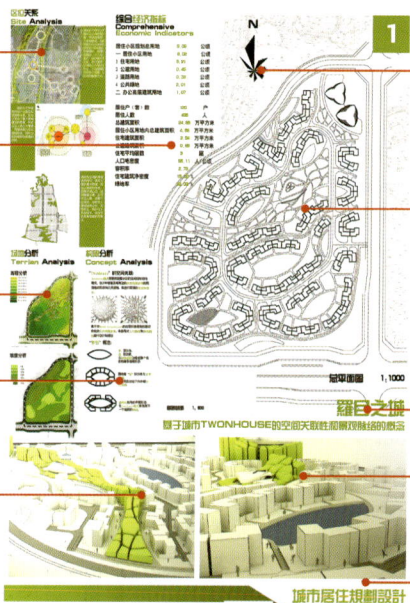

玫瑰风向标。

"罗目之城"基址上规划总平面图。

场地规划名称与设计概念。字体设计、一二三级标题设计节奏控制得很到位。

城市与景观之间的概念模型。营造出的是具有活力和生机的空间模式。

设计项目名称。

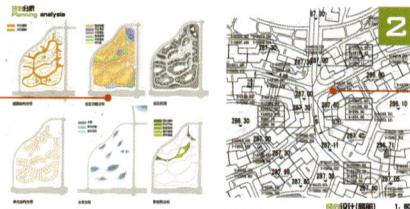

在平面的基础上表现规划的竖向设计,表达出高程、坡度以及各个区域的坐标位置。

利用理想法函数图形再逐步到逻辑关系排列,最终形成的模型,做到与外部的居住区外形相呼应,变化中存在统一的关系。

设计理念阐述。

规划设计效果模型展示。

案例解析2

项目:成都新农村环境与单体建筑系统循环模式探究荣获 2012 第二届国际景观规划设计大会铜奖

地点:成都

设计:程雅妮 徐春英

指导:李朝辉 徐伯初 祝建华

设计中使用作品集的形式逻辑的展开,以特有的设计表达语言,全面地分析了项目对象设计的各方面要素,循序渐进地将整个设计过程完整详细地阐述。设计者将设计表现技法语法举重若轻地综合运用,全面、准确地表达了设计意图。

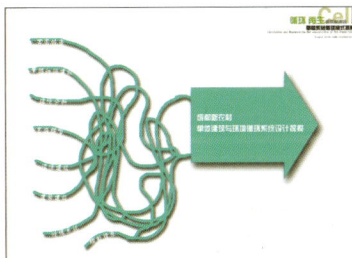

▲ 封面——醒目、鲜明、形式美 项目设计名称及目录

▲ 目录——具有形式感与统一的 平面设计

▲ 项目环境背景分析

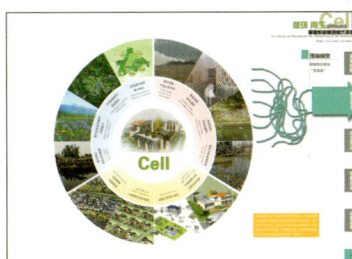

▲ 能量守恒循环设计理论模型 项目分部分项设计描述

▲ 环境烧秸秆难题解决方法可行性及 分析页面符合统一平面设计格式

▲ 新农村建筑单体规划循环与发展设 计思路

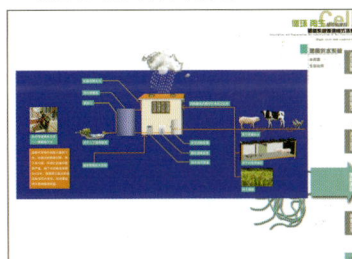

▲ 建筑供水系统生态化设计原理

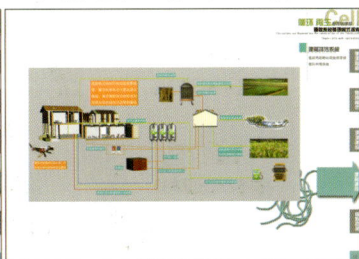

▲ 建筑排污处理循环系统设计原理

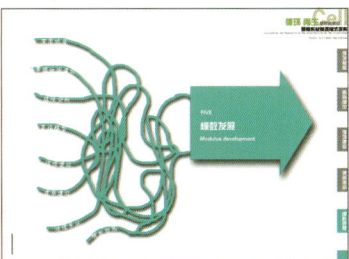

▲ 第五部分——模数发展 页面连接

▲ 新农村模数制能量守恒、发展设计原理

分析点评

设计文本形式与设计主题紧密结合,运用贴切。平面视觉传达设计有机连接,使之成为有机系统,设计阐述分项明晰严谨。图片与文字内容言简意赅,组织有序,主次节奏,准确地传达了独到的设计方案与理念,是一本文本设计规整优秀的作品集。

学生作业实训——环境综合景观设计

作业要求

　　1.作业基址选择不少于3个项目的综合；

　　2.故事板设计,技法不限；

　　3.设计方案采用"方格"的方法进行展板设计表达；

　　4.展板设计表达要统一。

　　前期准备

　　1.设计项目阅读；成果：故事版。

　　2.设计项目中的疑点、难点的解析；

　　3.设计项目中的难点的相关链接书目。

　　4.设计相关工具、软件准备。

分析点评

　　任何环境都是综合体。这是一个养老院的环境设计,包含建筑、水景、植物建植、道路等的综合思考,景观是其综合思考的必然结果,是环境工程设计中常见的类型,是综合设计表达技法和设计素质体现的检验。设计表现运用手绘与CAD、3ds Max、SketchUp、PS等软件完成,采取层层递进的方式进行富于节奏的推进演绎,展板采用中国的的卷轴版式形式,彰显着自然和谐的设计思想,别具一格,显得与众不同,出色、系统地表达了设计理念。

Landscape Articles

5. 景观篇

主干道鸟瞰图

手工模型制作。

运用CAD、3ds Max等软件,进行环境效果设计。

日月潭平面图　　日月潭效果图

宅前局部平面图　　宅前局部效果图

采用鸟瞰图、透视图,对设计进行局部描述。

A立面

B立面

生态走廊效果图

C立面

生态走廊平面及立面图　　D立面

景观的局部设计,采用手绘与PS等软件,运用分解法,形式上的透视图、竖向图使景观与景观平面形成逻辑关系。

Landscape Articles

5 方法问题——数字化技术的应用

【本章导读】

当今的时代,计算机设计软件被广泛运用,人机操作日愈便捷化,使设计表现进入一个综合高效率的运作过程。计算机设计软件更新发展速度非常快,计算机建模帮助我们以三维视角来便捷地表现体量、各立面整体形状与所选材质,以更清晰的方式表现设计思想。其熟练掌握运用是十分重要的! 在完成计算机辅助设计课程常用的软硬件,在前几章学习的基础上,善于主动学习掌握计算机新的设计软件,结合其他表现技法并运用于园林设计表现,综合运用与练习的重要性是不言而喻的。

【建议课时】

10 课时

5.1 计算机辅助设计

5.1.1 用于设计的硬件

硬件是承载软件的基本条件,在设计领域,为了提高设计效率,对于硬件的要求通常较高。

5.1.2 常用软件

设计类软件大致分为二维图像处理软件和三维图像处理软件,也有三维和二维相结合的软件。常见的 Auto CAD 就是三维和二维结合处理的软件。主要二维软件有 Photoshop、AdobeIllustrator、Indesign 等,还有为建筑设计专门开发的工程软件,如天正等。

三维软件根据使用者的不同需要分为偏重艺术设计和偏重工程设计两类,其中 3ds Max、Maya、Rhinoceros、Modo、Alias 属于前者,而 SketchUp、Solidworks、UG、CATIA 属于后者。其实在设计过程中，几个软件也经常结合使用，工程设计类的对 3ds Max 这类造型软性也有一定的要求。艺术类的设计也会用到 SketchUp、Solidworks 等软件。这正像设计类的特点，工程设计和艺术本身就不分家，二者相辅相成。

经验提示：对计算机硬件要求

▲ CPU
计算机的运算核心，其功能主要是解释计算机指令以及处理计算机软件中的数据。对于设计来说，主要要求其有较高的运算速度。

▲ 主机的要求
主板的类型决定着整个计算机系统的性能。要求主板散热系统良好，卡槽留有足够的空间，方便日后系统升级。

▲ 显示器的要求
显示器是展现设计图的硬件，对色彩还原、成像效果有较高的要求，这样才会客观地反映设计成果。一般常用的显示器品牌有苹果、三星等，色彩还原较好。

设计师应掌握大部分常用软件，才能更好地为自己的设计表现服务。

▲ Photoshop
主要用于对图像扫描、编辑修改、图像制作等，在园林设计中广泛用于绘制平立面及三维图。

▲ Auto CAD
CAD(Computer Aided Design)广泛用于建筑设计、环境工程设计、工业设计、产品设计，此软件有编辑二维和三维图形的功能。

▲ Sketch Up
SketchUp是一套直接面向设计方案创作过程的设计工具，设计师可以直接在电脑上进行直观的构思，是园林方案创作中的常用工具。

▲ corelDRAW
corelDRAW能在园林设计中绘出平、立、剖及三维的矢量图，同时在绘制分析图时也常用。

▲ 3ds Max
广泛应用于工业设计、建筑设计、园林设计、多媒体制作、游戏等领域。通过此软件模拟真实场景，让设计项目反使在真实环境之下，使其更有说服力。

▲ Rhinoceros
Rhinoceros是以NURBS为理论基础的3D建模软件，可以建立由直线、圆弧、圆圈、正方型等基本几何图形，以2D图形来做仿真。常用于异形景观建筑、雕塑设计等领域。

▲ Modo
Modo是一款高级多边形细分曲面，建模、雕刻、3D绘画、动画与渲染的综合性3D软件，在园林设计中可用于设计景观小品模型。

▲ Unigraphics NX
UG（Unigraphics NX）在产品设计及加工过程提供了数字化造型和验证手段。可提供经过实践验证的解决方案，用于部分硬质景观设计中。

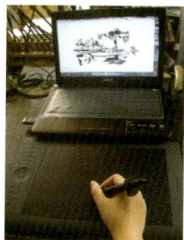

intuos
intuos是专业手写板，是使用一系列专用的笔，与计算机配合使用，在特定的区域内描绘刻画图形与文字。专业手写板还可以用于精确制图，例如可用于电路设计、CAD设计、工业产品设计、图形设计、图形图像的绘制、动漫设计与后期处理、flash动画的前期制作以及文本和数据的输入辅助设计等。

▲ 手绘软件
苹果公司开发的手绘软件可直接在屏幕上选出所需线条与色彩来进行绘图设计，有利于园林创作思考。

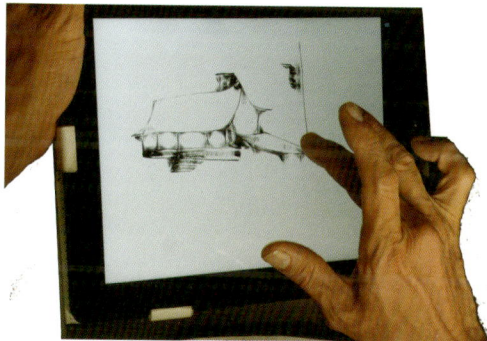

▲ 风景速写
打开软件之后选择线型与笔的颜色。

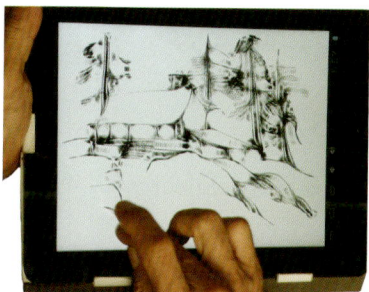

▲ 风景速写
在绘图时因意在笔先，手指轻重与速度的控制都会影响画面效果。

▲ 风景速写
在画面即将结束时，运用"橡皮擦"去除多余线条并保存。

5.1.3 "头脑"与"电脑"

电脑始终是工具，是一种可以产生设计成果的媒介，通过设计者的操控才能生成设计方案，在这之前同样需要设计者具备扎实的职业基础。

设计者应有广泛的阅历和实践经验，拥有活跃的设计思维，再通过电脑让思维转化成图像，最后通过图像让实实在在的设计项目得以诞生。

后图是设计者对自然界中"板栗"这种植物的深入观察产生的设计灵感,设计出与环境融为一体的建筑项目。

案例解析

项目:哈德威克公园游客中心
地点:英国,达勒母
建筑师:Design Engine 事务所
建设时间:2006 年

图像展示了一个通过人的思维加工产生的游客中心部分的外观。游客中心形式设计采用一项桥梁建造的技术;骨架部分都镀上了一种天然的防锈的材料。设计灵感源于板栗的自然外形,这样以一种早已坐落于树林中间的物体存在,正如奈特的有机建筑理论当中所说的"建筑像从那里长出来一样"。

▲ "板栗"的启示
通过仔细观察板栗的结构形式、色彩关系而产生的设计灵感,设计者通过电脑制作出初步模型。

▲ "板栗"的反复推敲
设计者对"板栗"的思维深度加工,结合建筑地域性的特色及使用功能,通过电脑设计出有生命的建筑。

▲ 方案的落成
对项目的材料、结构的控制,通过电脑让最初的"板栗"成为最终的设计成果,设计成果与环境结合得十分紧密,这即是头脑控制"电脑"的结果。

5.2 数字化技术综合运用——"所见即所得"的能力

计算机建模能够帮助建筑师用三维视角来便捷地表现体量的各个表面、整体形状与所选材质,更清晰地表现了设计者的设计思想。一个模型能够建立与实际尺寸大小相同的室内外各种元素的原型,小到一间屋子,大到一座城市的尺度。方案的元素或者体量只有通过模型才能使人理解,能够更深入地表达设计思想。

5.2.1 数字化技术设计软件运用

1)Auto CAD 运用

在众多软件当中,其中 CAD 软件能够提供三维现实模型,还可以设计标准惯例的二维图纸,能有动态的演示和展示空间等功能。在园林设计规划中 CAD 广泛用于绘制平、立、剖面图及三维图。线型设置与色彩区分能清晰表达设计意图。

项目实训

项目：某科技园驳岸设计

地点：浙江宁波

图1是在CAD里绘制线框模型,这种线框模型表达了设计者的设计理念。图2、图3是CAD绘制的平立面图导入3ds Max中进行渲染所出的图像。客观地展示出了建成后的效果。此三张图逻辑关系明晰,但图3设计表达上略有不足,红色的水道可稍加调整与排列,使之能与环境融合协调。

▲ 图1
在Auto CAD立面生成的线框模型。

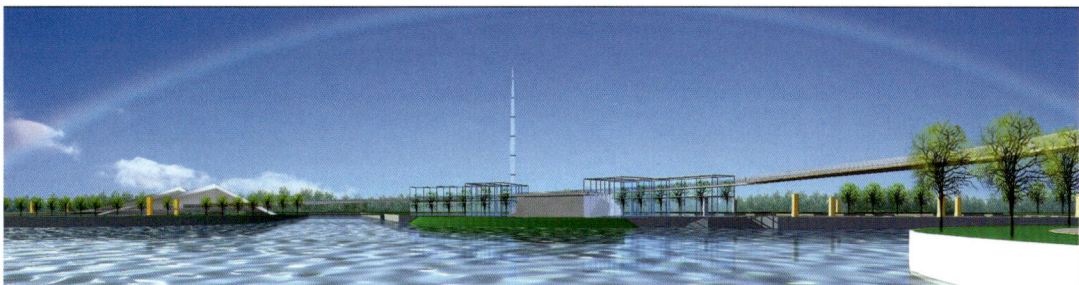

▲ 图2
在3ds Max中渲染出的效果图。

▲ 图3
通过3ds Max、Photoshop综合处理。

案例解析

项目：宜宾太阳岛
地点：中国·宜宾
时间：2009 年

　　本项目位于四川宜宾，具有中国文化气息的景观规划，项目运用较多中国元素。景观通廊设计中利用片墙引导视野，水榭、透窗等都有中国园林的影子。因此在设计图中宜可带些中国元素，如图 C 点透视中则略有表现。在总平面图利用 CAD 绘制，然后导入 Photoshop 中填充色彩及阴影。表色彩表达清晰，园林规划意图方能清晰明显。A 点鸟瞰图则将总平面图导入 3ds Max 中渲染出图，视点选择恰当。B 点鸟瞰图以同样的方式渲染出图。而 C 点透视则用 SketchUp 渲染出图。以下三张三维图都依托于 CAD 绘制总平面图。因此熟练掌握 CAD 才能出好图纸。

总平面图

▲ 总平面图

▲ A点鸟瞰图

▲ B点鸟瞰图

▲ C点鸟瞰图

2）Google SketchUp 与 Google Earth

Google Sketchup 能够在网站 www.sketchup.com 上下载。这款软件能快速直观地建立三维模型,操作十分简单。一旦外形建好之后,SketchUp 能在模型上做出各种"孔洞"来表示门窗。

Google Earth 提供世界各地航拍图像,但是有些区域细致程度不够。Google Earth 可以和 SketchUp 结合使用。用 SketchUp 设计出来的建筑模型能放在 Google Earth 提供的图像里。当把这些图像作为图底时不仅能展示设计理念,还能测试建筑模型在真实环境下的情况。

3）SketchUp 运用

SketchUp 广泛用于景观设计、室内设计和室外设计等。下图以一个立方体为例,在各立面上根据自己的设计制作出不同的"孔洞"作为门窗。

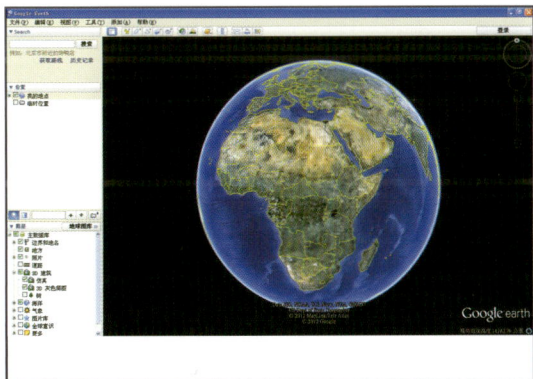

▲ Google Earth

▲ Google SketchUp

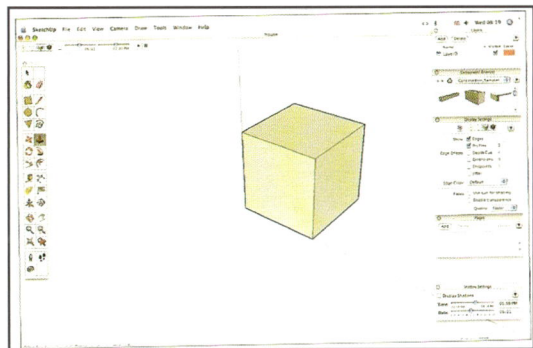

▲ ①建立一个正方形,利用挤出工具建立立方体。

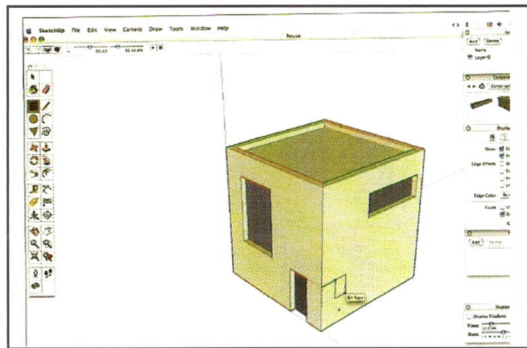

▲ ②在已建立好的立方体上建立不同的矩形,利用挤出工具挤出不同窗洞。

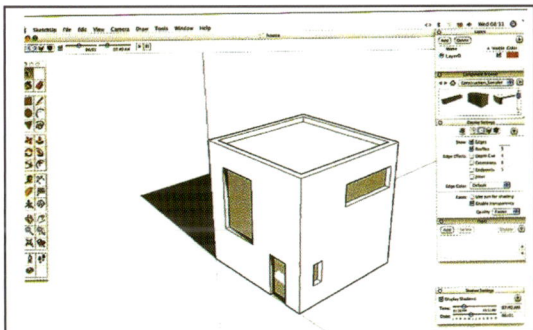

▲ ③选择投光方向,建立光影关系。

练习题

选取一个小体景观建筑或景观小品,利用 SketchUp 来进行设计,要求比例尺寸合理,造型新颖。

5.2.2　建模渲染与手绘结合

　　建模渲染还可以通过手绘画出初稿,通过扫描仪将手绘稿传入电脑,再通过电脑进行后期渲染处理。

手绘水彩配景添加

利用SketchUp建的模型

手绘添加水景

▲ 手绘水粉与建模渲染的结合

练习题

　　利用自己熟悉的建模软件对建筑或景观小品建模渲染,周围配景用手绘添加处理。

5.2.3　实景计算机后期处理与手绘综合

　　通过实景拍摄加上后期制作与手绘的结合,可以客观真实地反映周围环境,不管是建筑,还是景观设计手绘设计作品,在实景的衬托下都会表现得客观真实、新颖独特。

Photoshop添加树木配景

水粉渲染下的天空

利用3ds Max渲染的建筑模型

实拍的水景

▲ 手绘水彩、建模渲染、实景拍摄的相互综合

练习题

　　利用实拍图片或者手绘设计方案扫入计算机,进行主体或者背景处理。

5.2.4 建模渲染与艺术化图像

在当代学科综合的背景下,设计表现技法吸取当代文化艺术的影响,不断承前启后,充实发展有着时代特色的现代设计表现技法语言。因此艺术化图像的综合及其重要。

项目: 陶瓷博物馆 ▶
地点: Ohmihachiman,japan
事务所: Kan Izue Architects&Associates
尺寸: 24 cm × 17 cm
技法: 水彩表现
工具: 水彩画

练习题

利用现代艺术语言(形式不限)进行一个景观方案表达。景观设计方案可以以各范例为载体,做出与其完全不同的新颖的表达形式。

5.2.5 建模渲染与平、立面合成的综合表现

打破常规的二维平立面,通过建模渲染可以让平、立面产生一种立体效果,使常规的二维平、立面变得更加直观。

CAD绘制平面规划

SketchUp渲染建筑平面图

Photoshop平面植物

Photoshop填充平面色块

▲ 建模渲染与平面的综合

Photoshop天空处理

3ds Max渲染假山立面

Photoshop添加植物配景

▲ 园林渲染与立面的综合

练习题

选取一个平、立面表达图，运用计算机进行相关表达重点建模及渲染，感受其效果。

5.2.6　渲染与动漫、音乐综合

表现拟建项目的"已建成"印象；在设计项目中穿过的图像，使视角在拟建的设计项目内像"电影"那样移动。通过指定编辑在拟建项目中穿越精心策划的空间序列次序，来得到穿越虚拟"现实"的过程。在渲染器中光线的布置、建筑内外阴影的投射，能很大地增强设计项目的真实感。并且配置与强化设计内容的经过选择编辑的音乐，使设计项目成为"流动的建筑"。

下面是某大学的建筑环境景观设计，以"蒙太奇"的手法，"动态视图"形成"电影脚本"。

项目实训

1.8s鸟瞰（开）正俯
相机从左至右曲线下降鸟瞰学院整体规划、学院整体环境规划，绿化面积较大，显示项目对绿地率的重视。

2.6s近景（开）正视
摄像机下移后推向学校正门，喷泉涌动，结合水声，表现充满活力与生机的学校建筑的特点。

3.6s中景（开）正视
摄像机从左下往右上移动，从学校规划轴开始表现出景观与建筑的协调性。

4.4s近景（开）仰视
摄像机直线运动，不仅表现室内的光影变化，而且衔接室外，为下个镜头做铺垫。

5.8s近景（开）仰视
摄像机从左向右曲线运动，图书馆通过仰视的视角显得伟岸，玻璃映射周围的环境，与周围环境协调融合。

6.6s中景（开）平视
镜头顺着道路方向移动，建筑与环境结合，音乐与画面结合。

7.8s中景（开）正视
镜头前推，再向左摇大概30°，展现道路、建筑、环境的空间关系。

8.6s远景（开）平视
摄像机缓慢上移，表现相邻建筑间的空间感，同时衔接结尾画面。

9.6s远景 平视
摄像机从右向左水平缓慢移动，画面节奏变慢。

10.8s夜景 俯视
摄像机向后移动，表现在夜晚整体环境与灯光的协调性。

项目：学院环境设计方案

制作软件：3ds Max、Premiere、After Effects 表现手法：从校园空间环境以序列空间展开，在序曲、过渡、高潮、尾声中展开建筑环境景观，在动态中充满韵律地展开设计理念。

背景音乐：somewhere（荷兰 within Temptation 声乐团）

时长：180 s

设计制作：李光勤

选做练习题

　　选取一设计方案进行穿越其方案空间的建模及动漫制作，并且选择表达的重点，选取与其表达风格相关联的背景音乐，进行学习观摩与评价。

5.2.7　数字化技术设计表现的过程

　　以 3ds Max 景观建筑动画制作为例，介绍数字化设计的的过程。通过建模、渲染、动画制作与合成之后，对 3ds Max 的数字化设计过程表现就应该有所掌握。

1）3ds Max 建模

　　通过对设计项目的平面、立面作为指导，建立三维模型。

▲ 亭子模型
建立亭子模型时注意各构件链接的精确性，注意FFD弯曲和Blend弯曲命令的运用与区别。

▲ 花坛模型
花坛整体性较强，在建模过程中注意Lathe命令、Taper命令的运用。

▲ 门墙
在门墙建模中可以通过几何体相接，在建复杂的几何体时可转化为可编辑多边形进行编辑。

◀ 景观小品
景观小品形态多样，在此景小品建模中可以利用球体的拉伸，再利用Taper命令进行编辑。

2）灯光材质渲染

对已经建好的模型进行渲染，通常用的渲染器有 V-Ray 渲染、线扫描渲染器等。

▲ 鸟瞰及夜景灯光
通过一滨水景观练习，掌握鸟瞰的视点选择，掌握一般夜景渲染的布光规律，让设计更加有吸引力。

▲ 材质基础
通过选取一个小庭院设计，掌握常见玻璃材质的高级调节技巧、墙面材质凹凸调节技巧、地面材质及草坪的调节技巧，让画面材质表现出设计者的意图。

▲ 低视点渲染
选择一大门、亭台等小型景观建筑，进行低视点渲染，熟练掌握植物配置，人车搭配，使其能渲染出真实效果。

▲ 小场景渲染
小场景渲染中，注意气氛营造、植物搭配及光线强弱的控制，使其氛围表达恰当。

3）动画合成

对于已渲染好的三维图通过 After Effects 等图片合成软件进行合成，即是渲染与动画的结合。

▲ 基础动画技术
学习设置关键帧动画，调节运动曲线，使用动画控制器制作动画；使用3ds Max约束控制器；Bip步迹文件的导入和使用；动作混合器的使用。

▲ 景观建筑动画前期渲染
学习不同镜头类型的优化与合理布光的方法，如何高效完成灯光测试的工作，以及相机路径的控制，合理地表达设计意图。

▲ 动画预演
选取项目案例，制定策划脚本，整理预演场景，熟练使用Vegas等常用剪辑工具，通过不同风格的音乐选取对设计成品进行初步编创，将视听语言合理地植入建筑动画，完成镜头动态预演。

▲ 建筑动画特效与合成技术
学习使用After Effects的基本工作流程，利用After Effects外挂插件快速实现建筑动画中常见的特效。

▲ 镜头的选择与配景的添加
选择视点从低视能以人的视角表现建筑物，植物配景的添加注意突出建筑物的尺度。

▲ 路径选择
相机路径注意合理，表现建筑与环境的节奏与空间序列，非特殊情况下路径不要旋转转折过大，会破坏建筑环境的整体感。

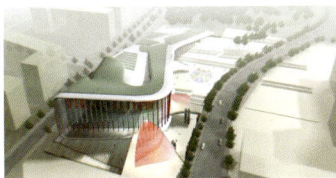

▲ 鸟瞰镜头的选择
注意表现建筑环境的整体性，充分表现设计意图。

▲ 中间帧的选择
中间帧是环境景观表现高潮部分，应选择视角与景观较佳的关键帧作为一个镜头的中间帧。

▲ 慢镜头的调整
在一景观环境中最有特点之处将会用慢镜头表现。这样易于让观众产生较佳的印象，镜头应采用平移、缓冲的手法，注意速度保持匀速。

练习题

选取一小型景观设计项目进行数字设计表现，使用软件不限，要求用项目模型、渲染、动画综合表现。

学生作业实训——小区景观设计

作业要求

1. 满足小区规划特点。

2. 运用软件 CAD、3ds Max、Photoshop 等软件。

3. 出图纸张：A3。

前期准备

1. 作业任务书阅读。

2. 软件的综合运用准备。

3. 教科书、参考书目、相关知识链接及教师指导。

▲ 运用CAD、Photoshop进行平面出图

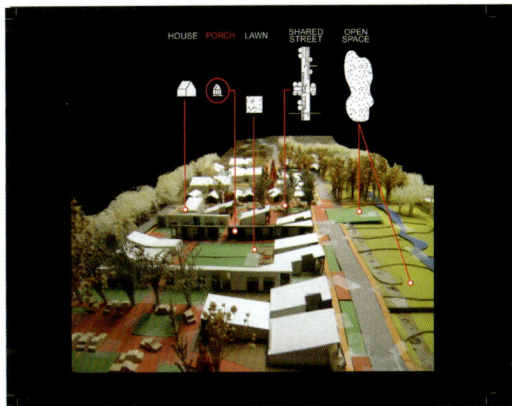

▲ 小区规划模型制作

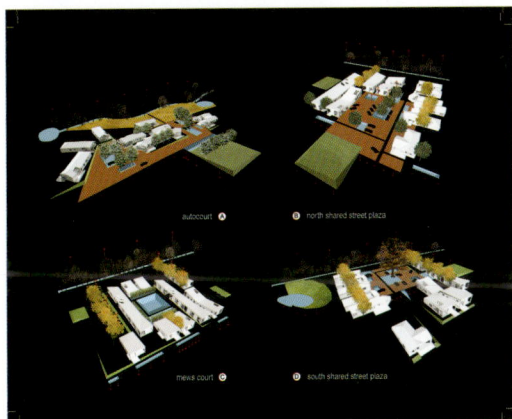

▲ 运用3ds Max渲染出图

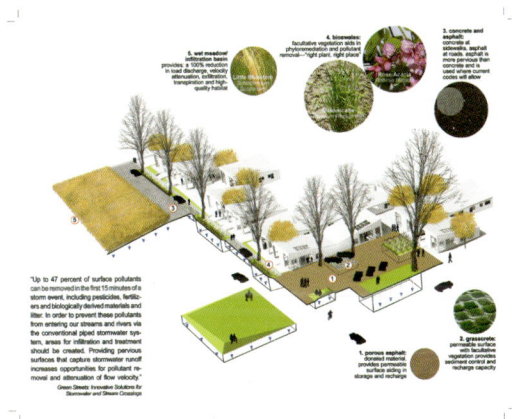

▲ 运用Photoshop绘制各功能区材料图例

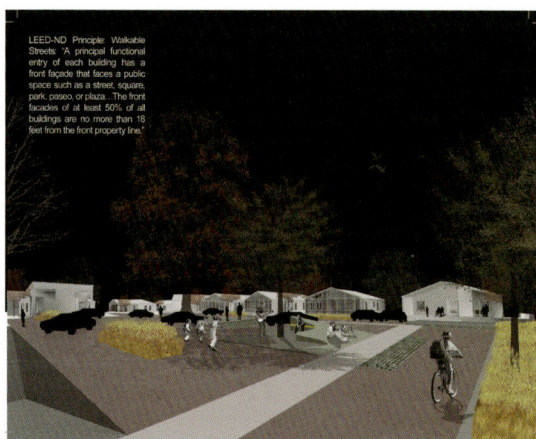

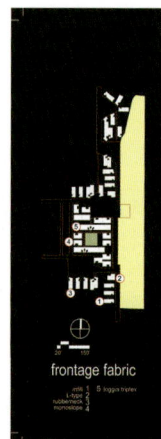

▲ 运用3ds Max渲染不同视点透视图

分析点评

　　该社区规划功能布局合理,从隐蔽空间到过渡空间再到开敞空间既有联系又有区分。能运用植物营造出亲和的邻里关系,在设计表达上能运用软件清晰表达,平面图的表达中色彩与图底的明晰性、三维图的明晰性、分析图的明晰性构成整套图清晰的逻辑关系。

应用技能综合优秀案例

【本章导读】

　　作为环境工程的设计工作者，要么独立完成设计工作，设计表现自然就是一个完整的系统；要么设计的从业或者职业工作者，也是完成其设计系统中的"部分"、"局部"、"片段"，是设计系统中的一个有机部分，其必然在系统的思想指导下进行形式的选择、规范的表达绘图。案例和标准规范揭示着设计表达的系统性、完整性，是其设计工作者及其重要的专业、职业素质。

【建议课时】

　　5 课时

案例 1　Deniz 别墅

　　项目：Deniz 别墅
　　设计：瓦尔特·斯特尔茨哈默
　　建筑设计师瓦尔特·斯将特尔茨哈默设计的 Deniz 别墅，建筑和装饰充分与自然环境融合，浑然于自然地域，体现了设计者对环境的充分而深刻的理解和对建筑室内外的设计与环境和谐的把握。

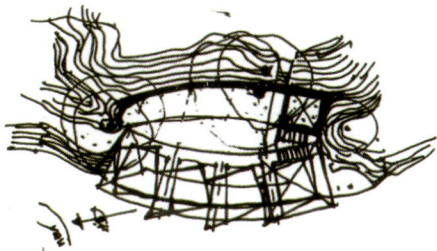

方案草图

▲ 建筑效果

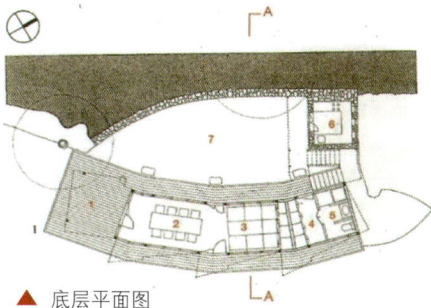

▲ 底层平面图

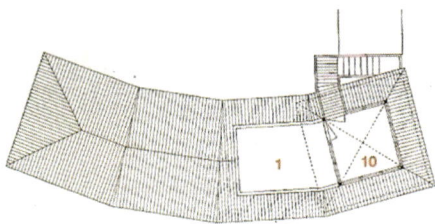

▲ 二层平面图

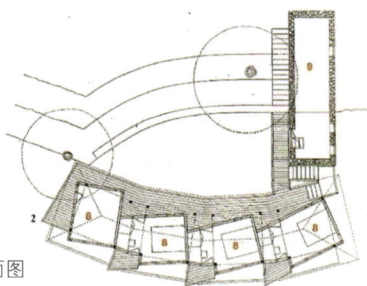

▲ 三层平面图

1.露台
2.餐厅
3.起居室
4.储藏室
5.浴室
6.厨房
7.庭院
8.卧室
9.住宅警卫员住处
10.工作室

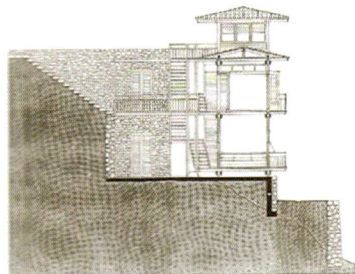

▲ 东侧视图

就地取材的挡土墙、协调的建筑过道庭院过道设计，充满自然韵味

案例2 青年就业者创业街区

项目:青年就业者创业街区住宅

设计:祝乐

青年就业者创业街区住宅设计方案,在分析街上环境、道路、建筑容量、功能等要求基础上,进行有效合理的建筑及环境的规划设计,以"故事板"的形式,逻辑性的进行设计表达,有序良好的专业制图,与平面表达设计,反映了设计者的专业素养。

用综合的技法表达项目与环境关系,及建筑模型的设计思考。

在前者的基础上有序的有逻辑进行设计表达展开,表达建筑效果。

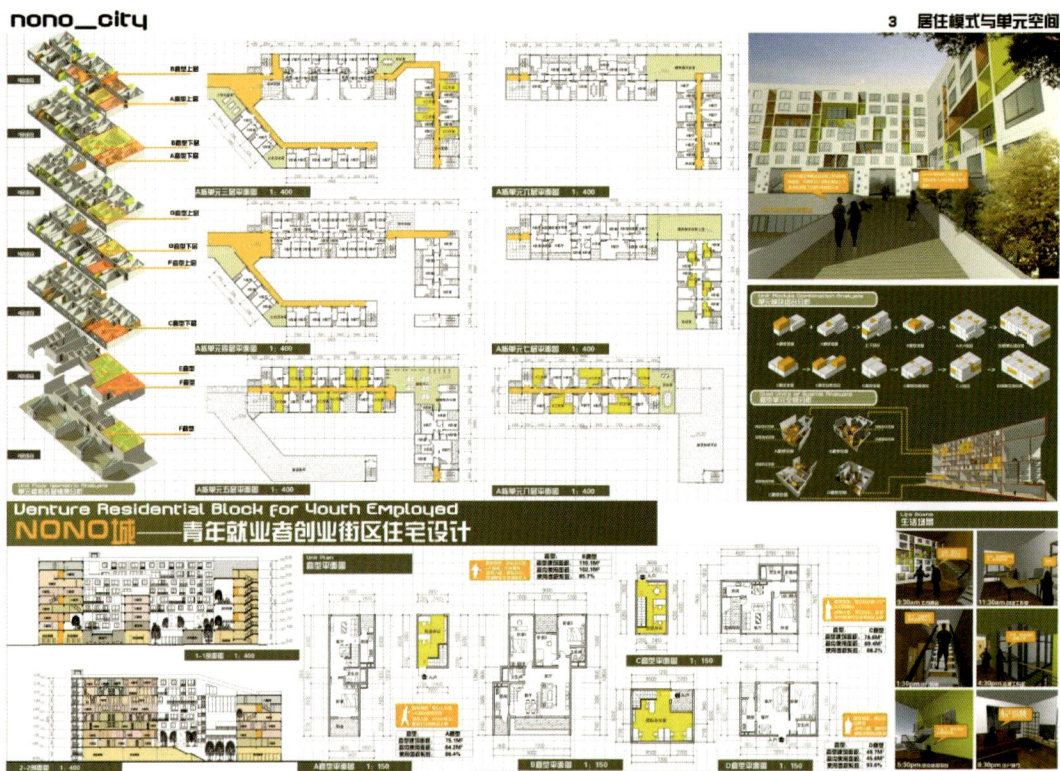

运用 CAD、轴测叠加、计算机模型等表达技法,深入表达建筑具体化功能的设计,与前面形成系统完整的设计描述 。故事板的统一,富有设计感的平面设计,增强着设计传达的效果。

案例3 成都新农村环境与单体建筑系统循环模式探究

项目:成都新农村环境与单体建筑系统循环模式探究

获第二届中国国际景观规划设计大赛铜奖

设计:程雅妮 徐春英

指导教师:徐伯初 李朝辉 祝建华

(详请扫二维码查看,并在计算机上进入重庆大学出版社官网下载)

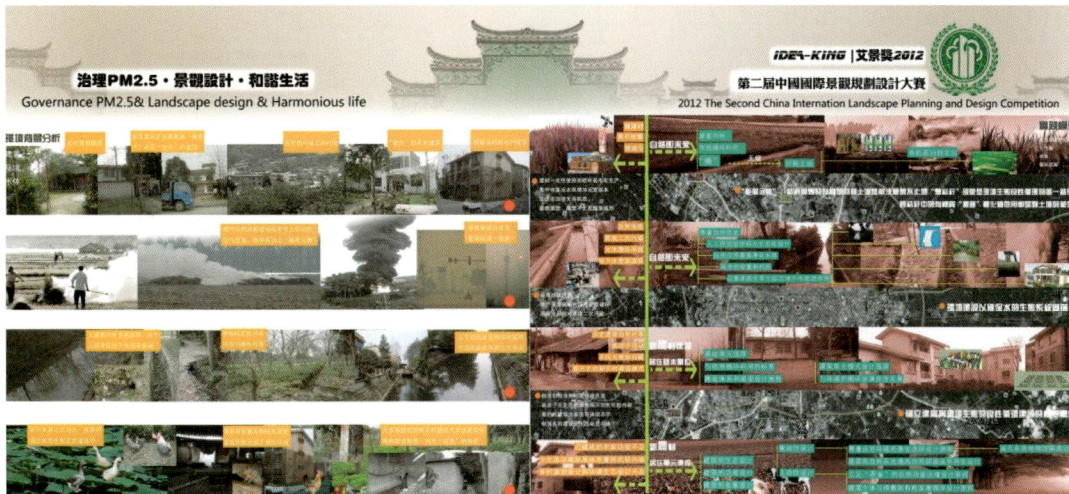

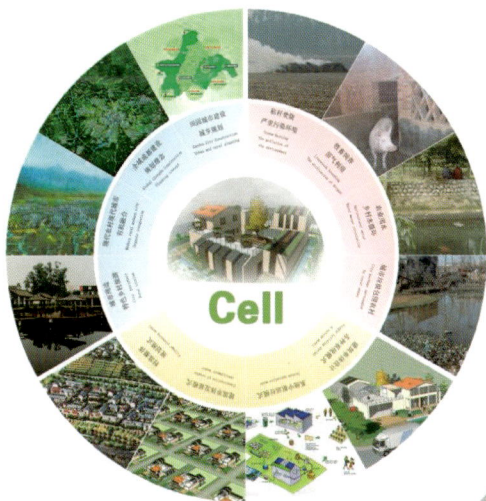

设计方案立足于现实环境生态与"吃农家饭、做农家事、干农家活"的现代农村生活,出于发现问题、分析问题,继而设计上解决问题,对新农村规划设计建设系统性非常有实践意义的探索与思考。

案例4 成都市双流客运中心迁建方案设计文本

项目:成都双客运中心迁建方案

设计:祝建华 程雅妮 徐春英等

成都市双流客运中心迁建方案是面向全国专业设计院所征集设计方案,此方案获优秀设计奖,并荣获多项单项奖。此设计方案以地标式的地域名入手,利用基址上的白河,人工天巧地进行人车分流,车辆进出及人流控制,不仅满足功能要求,还使建筑景观化,通过画面设计提高了环境幸福指数。设计表达统一完整、严谨。(详请扫描二维码查看,并在计算机上进入重庆大学出版社官网下载,下同)

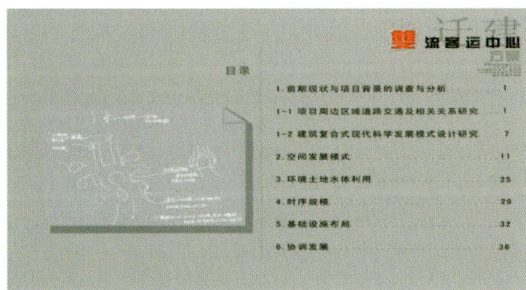

案例5 荞山儿童森林公园设计文本

项目:美国荞山儿童森林公园

设计:EDAW

"感知自然的娱乐与娱乐中认识自然"娱人育人一体的优秀设计,择其手绘为主、计算机为辅表达的技法,恰如其分的传递出为童真责任担当效果。(详请扫描二维码查看)

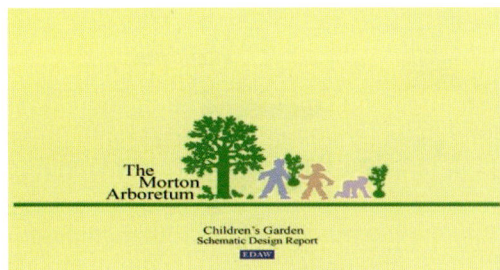

案例6 西南交通大学美术馆入口雕塑设计

项目:西南交通大学美术馆入口雕塑设计

设计:程雅妮 指导教师:祝建华 刘春尧

获香港"IDAA"2012第五届国际美术设计大奖赛雕塑组金奖

圆单体的圆满集聚,镜面材料里的另一个"我","真、善、美"的寻求,跌级而上的"书"的联想"景深",高处离心的一飞冲天,材质的单纯与渲染准确的传递着设计母体。

案例7　邢台鹊山湖湿地公园设计

项目：河北邢台鹊山湖湿地公园设计　　　　　设计：罗超英

获河北建筑工程学院研究生优秀毕业设计　　　指导教师：张鑫　祝建华

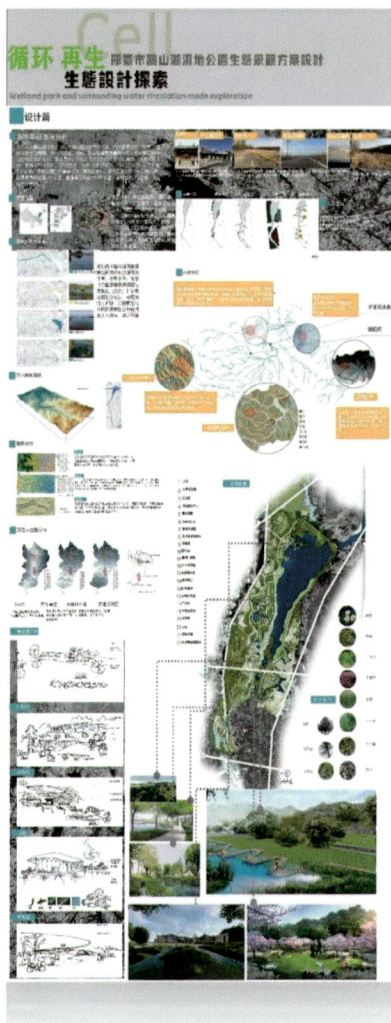

　　该设计体现了"青山绿水就是金山银山"生态优先的设计主导思想，以基址环境分析为基础，确立设计与建设原则，从而以恢复健康的湿地生态系统、注重地方文化的地方精神的地域景观，结合地方产业景观化，彰显其湿地的可持续发展设计与建设目标。设计表达体现了保护与开发利用相结合原则 完善湿地地景，进而深入逻辑的景观节点的设计与表达，体现着生态与建设、景观与产业、保护与开发，科普与游憩并举的策略。

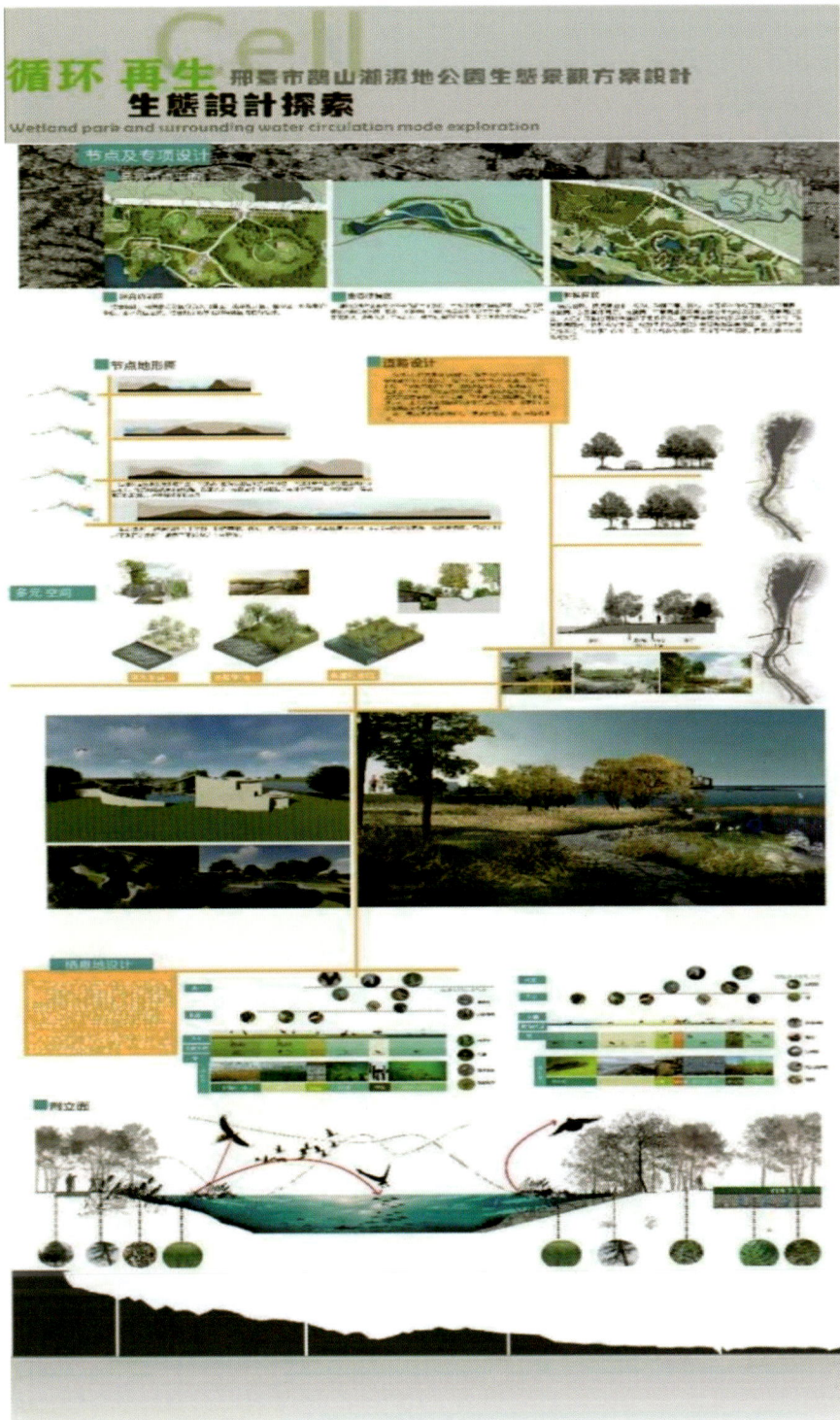

案例8　FLA "公共空间" 设计竞赛 2019

设计者:河北建筑工程学院　罗超英　梁　静　丁　翔　闫梦笛　邓　蔚

竞赛主题

　　世界大会将更加关注城市转型、绿色交通、健康美丽的景观和公众参与。学生竞赛将要接触这个主题,并将在奥斯陆市中心的霍文宾改造区建立一个小规模的公共空间。在这里,曾经的工业区即将被现代化、多用途、密集的城市发展所取代。奥斯陆公园周围是从19世纪保存至今的古老农舍和一个带有小花园的工厂。该地区的新开发项目包括一所新小学的用地,以及公园附近的一个大型综合用途街区的拟建。该公园占地6 000平方米,未来将不会设有机动车交通设施。竞赛的主要任务是设计开发一个强大的功能概念,并展示如何实现这一美丽和可持续的景观设计。(详请扫描二维码查看)

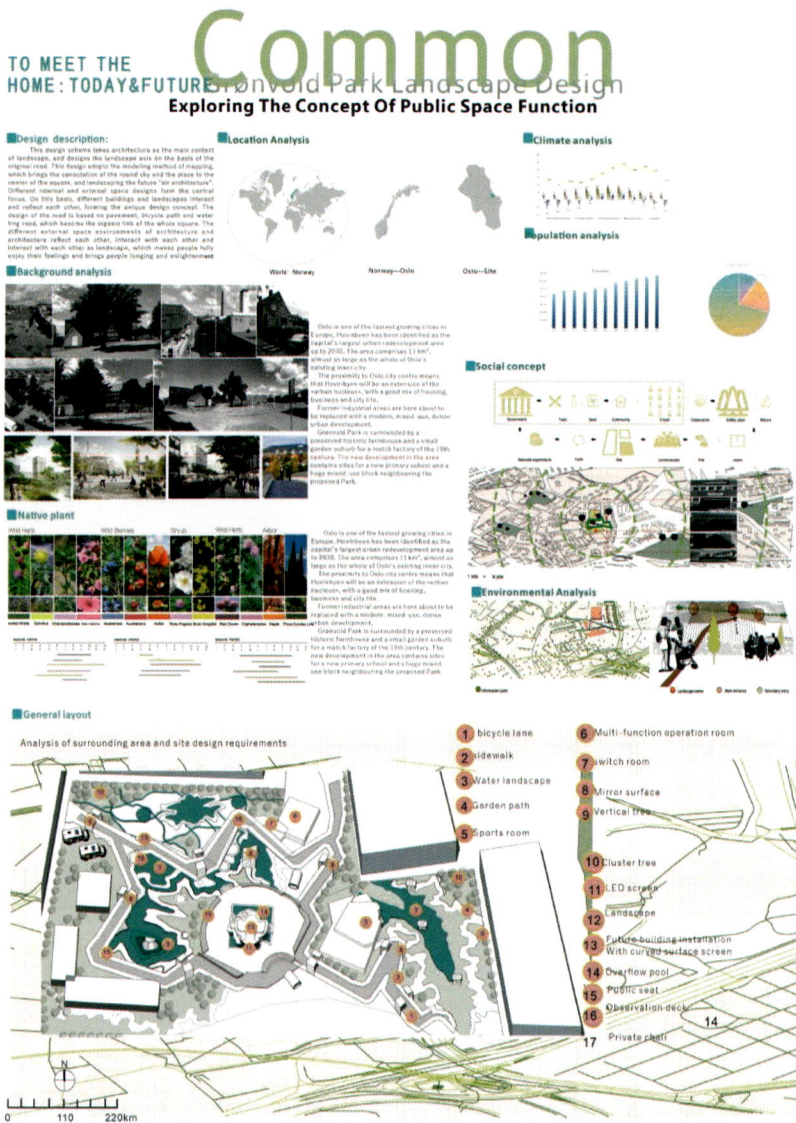

案例9 UA 城体育建筑

项目:UA 城体育建筑

设计者:祝乐

立交桥下的空间与场地功能之延伸,探索着当代城市脉络之中有着"平民体育精神"、有着建筑构件构成韵律感、有着降噪、遮雨、阻风防晒诸多物理功能、又有时代美学的"体育建筑"!设计表现明暗对比强烈,画面简洁明快,很好的强调了设计构件的功能及韵律感,人的尺度感及肢体语言也强烈的传达着设计主题,色彩统一,故事板主次鲜明,有着很好的表达解析逻辑。(详请扫描二维码查看)

案例10 西安高新区养老院设计

项目:西安高新区养老院总体规划设计

设计:程雅妮 徐春英 车 璐

此设计是西安美术学院环境艺术设计专业毕业设计。西安高新区养老院规划设计方案,自然之美的建筑环境,体现着人生呵护的自然天伦的人文情怀;设计表达利用清新的语言恰如其分地表达主体思想及设计理念,其总体展板传达形式,利用竖向构图形式,如同中国山水画一样清新隽美,非同一般而不落俗套。

展板封面设计言简意赅,平面设计形式较以映射图的形式表达了项目与环境的关系好地传达设计主题思想。

Preliminary Investigation
1. 前期调研

与环境的整体面貌。

(完整方案、模型详请扫描二维码查看)

计算机渲染的项目鸟瞰效果图,表达了项目。

附　录

附录1　常用色彩图例 符号分析素材（详请扫描二维码）

规划建设用地图例：

T 对外交通用地 Intercity Transportation Land	S 道路广场用地 Roads and Squares	U 市政公用设施用地 Municipal Utilities	G 绿地 Green Space	D 特殊用地 Specially-designated Land	E 水域和其它用地 Waters and Miscellaneous
T1 铁路用地	S1 道路用地	U1 供应设施用地	G1 公共绿地	D1 军事用地	E1 水域
T2 公路用地	S11 主干路用地	U11 供水用地	G11 公园	D2 外事用地	E2 耕地
T21 高速公路用地	S12 次干路用地	U12 供电用地	G12 街头绿地	D3 保安用地	E21 菜地
T22 一、二、三级公路用地	S13 支路用地	U13 燃气用地	G2 生产防护绿地		E22 灌溉水田
T23 长途客运站用地	S19 其它道路用地	U14 供热用地	G21 园林生产绿地		E29 其它耕地
T3 管道运输用地	S2 广场用地	U2 交通设施用地	G22 防护绿地		E3 园地
T4 港口用地	S21 交通广场用地	U21 公共交通用地			E4 林地
T41 海港用地	S22 游憩集会广场用地	U22 货运交通用地			E5 牧草地
T42 河港用地	S3 社会停车场库用地	U29 其它交通设施用地			E6 村镇建设用地
T5 机场用地	S31 机动车停车场库用地	U3 邮电设施用地			E61 村镇住宅用地
	S32 非机动车停车场库用地	U4 环境卫生设施用地			E62 村镇企业用地
		U41 雨水、污水处理用地			E63 村镇公用用地
		U42 粪便垃圾处理用地			E69 村镇其它用地
		U5 施工与维修设施用地			E7 弃置地
		U6 殡葬设施用地			E8 露天矿用地
		U9 其它市政公用设施用地			

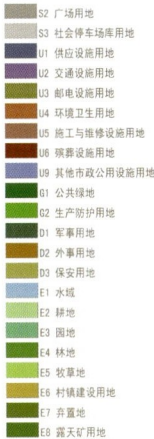
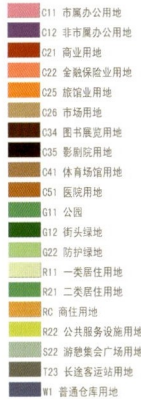
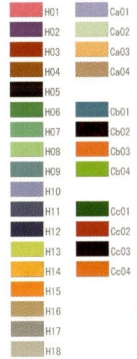

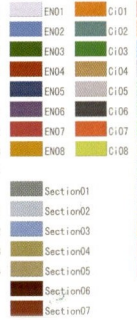
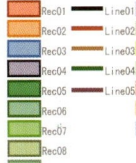
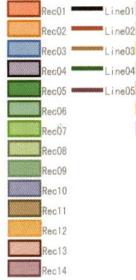

Legend

- R1 一类居住用地
- R2 二类居住用地
- C1 行政办公用地
- C2 商业金融用地
- C3 文化娱乐用地
- C4 体育用地
- C5 医疗卫生用地
- C6 教育科研用地
- C7 文物古迹用地
- C9 其它公共设施用地
- M1 一类工业用地
- M2 二类工业用地
- M3 三类工业用地
- W1 普通仓储用地
- W2 危险品仓库用地
- W3 堆场用地
- T1 铁路用地
- T2 公路用地
- T3 管道运输用地
- T4 港口用地
- S1 道路用地

- S2 广场用地
- S3 社会停车场库用地
- U1 供应设施用地
- U2 交通设施用地
- U3 邮电设施用地
- U4 环境卫生设施用地
- U5 施工与维修设施用地
- U6 殡葬设施用地
- U9 其它市政公用设施用地
- G1 公共绿地
- G2 生产防护用地
- D2 外事用地
- D3 保安用地
- E1 水域
- E2 耕地
- E3 园地
- E4 林地
- E5 牧草地
- E6 村镇建设用地
- E7 弃置地
- E8 露天矿用地

Legend

- C11 市属办公用地
- C12 非市属办公用地
- C21 商业用地
- C22 金融保险业用地
- C26 旅馆业用地
- C34 图书展览用地
- C35 影剧院用地
- C41 体育场馆用地
- C51 医院用地
- G11 公园
- G12 街头绿地
- G22 防护绿地
- R11 一类居住用地
- R21 二类居住用地
- RC 商住用地
- R22 公共服务设施用地
- S22 游憩集会广场用地
- T23 长途客运站用地
- W1 普通仓库用地

Hakka
- H01
- H02
- H03
- H04
- H05
- H06
- H07
- H08
- H09
- H10
- H11
- H12
- H13
- H14
- H15
- H16
- H17
- H18

Cont
- Ca01
- Ca02
- Ca03
- Ca04
- Cb01
- Cb02
- Cb03
- Cc01
- Cc02
- Cc03
- Cc04

EN8
- EN01
- EN02
- EN03
- EN04
- EN05
- EN06
- EN07
- EN08
- Section01
- Section02
- Section03
- Section05
- Section06
- Section07
- Candy01
- Candy02
- Candy03
- Candy04
- Candy05
- Candy06
- Candy07

Ci8
- Ci01
- Ci02
- Ci03
- Ci04
- Ci05
- Ci06
- Ci07
- Ci08

Rect12
- Rec01
- Rec02
- Rec03
- Rec04
- Rec05
- Rec06
- Rec07
- Rec08
- Rec09
- Rec10
- Rec11
- Rec12
- Rec13
- Rec14

Line
- Line01
- Line02
- Line03
- Line04
- Line05
- Islamic01
- Islamic02
- Islamic03
- Islamic04
- Islamic05
- Islamic06

EN6
- EN11
- EN12
- EN13
- EN14
- EN15
- EN16
- EN17

服务市政符号：

分析图常用素材：

景观规划设计分析示例：

■ 景观视线分析

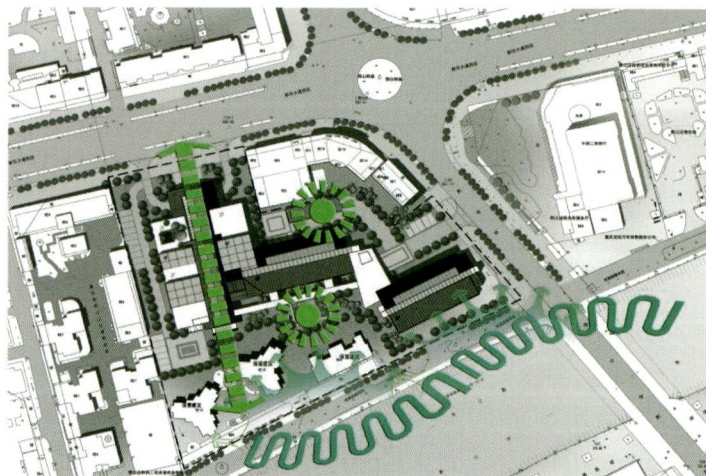

景观节点
景观轴线
滨河景观带
视线渗透

公共设施设计分析图示例：

中	中学
小	小学
幼	幼儿园
文	文化中心
文	文化活动站
菜	肉菜市场
圾	垃圾集散点
拉	垃圾转运站
	公交总站
租	出租车总站
P	停车场
D	综合运动场
邮	邮政所
青	青少年活动中心
	公共厕所
十	医院
邮	邮政支局
	变电站
	消防站
	加油站
	游泳馆
	篮球馆
	网球场
影	影剧院
	长途汽车站

附录2　相关标准

相关标准扫描二维码，更多相关标准、规范及更新查阅国标网"JianBiaoKu"

附录3　设计表达相关网站

综合类

创意在线
设计帝国
视觉共享
设计联盟
中国设计同盟
工业设计·中国
发现创意

家具设计论坛

视觉中国

优艾网

字体中国

品色视角

平面中国网

室内设计

室觉

室内设计

自由设计新家园

美国室内设计

仕奥设计

建筑设计

建筑论坛

附录4　国内外设计大赛赛事（详请扫描二维码）

专业奖

美国风景园林师协会奖（ASLA）

欧洲景观双年展与罗莎·芭芭拉国际景观奖

英国皇家风景园林学会奖（LI Awards）

英国国家景观奖（BALI，British Association of Landscape Industries）

意大利托萨罗伦佐国际风景园林奖（Torsanlorenzo International Prize）

德国风景园林师协会年度奖

Landezine 国际景观奖（LILA）

Topos 奖

中国风景园林学会优秀风景园林规划设计奖

中国建筑与艺术"青年设计师奖"

计成奖"百思德"杯新锐设计竞赛

2018"名品彩叶杯"彩叶花园设计竞赛

学生奖

IFLA 国际学生风景园林设计竞赛

美国风景园林师协会奖（ASLA）

国际风景园林师联合会亚太区年度奖

中日韩大学生风景园林设计大赛

日本造园学会学生公开创意竞赛

欧洲风景园林高校理事会（ECLAS）奖

勒诺特尔风景园林论坛（The LE：NOTRE Landscape Forum）暨国际学生设计竞赛

中国风景园林学会大学生设计竞赛（CHSLA）

北林国际花园建造节

中国人居环境设计学年奖

城市与景观"U＋L新思维"全国大学生概念设计竞赛

"园冶杯"风景园林（毕业设计、论文）国际竞赛

艾景奖国际园林景观规划设计大赛『学生组』

全国高校景观设计毕业作品竞赛——LA先锋奖

全国高职高专建筑类专业优秀毕业设计作品奖

参考文献

［1］世界建筑　总第88期　清华大学　北京市建筑设计研究院出版:149号1996年6月

［2］保罗·拉索.图解思考——建筑表现技法(第3版).邱贤丰,刘宇光,郭建青译.北京:中国建筑工业出版社,2010.

［3］毛兵,薛晓雯.建筑绘画表现[M].上海:同济大学出版社,2000.

［4］李保峰,李钢.建筑表现[M].武汉:湖北美术出版社,2002.

［5］中国园林.Vol23/133/Monthly,中国园林杂志社.

［6］朱明健,等.室内外设计思维与表达[M].武汉:湖北美术出版社,2002.

［7］张莉芬,林茂盛编译.建筑图画法[M].北京:水利电力出版社,1989.

［8］爱德华·艾伦.刘晓光、王丽华、林冠兴译.建筑初步〔美〕.北京:中国水利水电出版社,知识产权出版社,2003.

［9］纪怀禄.国外现代建筑渲染技法[M].西安:西安交通大学出版社,1989.

［10］马旌,芷民.国外建筑绘画图集(2版).西安:陕西人民美术出版社,1989.

［11］表现技法.(英)法雷利(Farrelly,L.)著;燕文妹,黄中浩译.大连:大连理工大学出版社,2009.

［12］Gordon Grice.建筑表现艺术①②.天津:天津大学出版社,1999.

［13］赛扎　佩利.当代世界建筑经典精选(1)(7)SOM世界图书出版公司.

［14］世界建筑大师优秀作品集锦KPF　建筑事务所　中国建筑工业出版社.

［15］王光伟,李亚莉,苗立,等.园林环境与艺术小品表现图[M].天津:天津大学出版社,1992.

［16］丁绍刚.风景园林概论[M].北京:中国建筑工业出版社,2008.

［17］王晓俊.风景园林设计[M].江苏科技出版社,2000.